図解

孫子の兵法

丸くおさめる戦略思考

齋藤 孝

ウェッジ

はじめに ——戦略的思考でストレス社会を生き抜く

『孫子』は、約二五〇〇年前に中国の軍事思想家、孫武《そんぶ》が記したと言われる世界最古の兵法書です。ここには、戦いに勝つため、あるいは負けないための方法が書かれています。

現代の日本人にとって、戦争は身近なものではありません。そのかわり、仕事が戦いの現場と言えるでしょう。商談もクレームも交渉も会議も、すべてが戦いのようなものと考えれば、孫子の言葉はスッと心に入ってきます。

『孫子』の特徴は、どんな場合も精神論に頼らないこと。日本人はよく「精神をしっかりすれば大丈夫」と精神論で乗り切ろうとしますが、そういうところが全くありません。目の前の出来事に対し、戦略的思考を持って動いていく。

リーダーが悪ければ、チーム全体の士気が落ちていきます。そのためリーダーが状況を把握し、最善の手を打っていくコツが『孫子』には具体的に書かれています。

『論語』と『孫子』を並べて読むと、その違いがはっきりします。

『論語』では人格を成熟させることが重要で、成熟した人間が政治をすれば間違いないという考え方です。

ところが『孫子』では、人格を高めていけば戦いに勝つ、とは言いません。勝つためには、敵を知り己を知って情報を収集するなど、さまざまな作戦を考える必要がある。ときにはスパイを使って情報を盗み出すことも、民のためになると考えます。

一人ひとりの心の頑張りに期待するのではなく、もっと戦略的に大きな視点で考えなさいと書かれているのです。

『論語』は、人格を成熟させていくための柱となる大古典です。私自身も現代語訳を出版するくらい気に入っていますが、一方で現代人は戦いの真っただ中にいると感じています。その中でストレスをなくし、ある程度の成功を収める必要もある。そこで今を生きる社会人のみなさんに『孫子』を読んでもらい、戦略的思考を身につけてもらいたいのです。

現代人にとって、敵とは何でしょうか。

ライバルだけではなく、社内の人間関係、顧客もうまく対応すべき相手でしょう。大きく考えれば、自分が向き合う仕事そのものが敵というふうにも考えられます。

受験生にとっての敵は、試験です。敵を知るためにはまず過去の試験問題を解かなくてはなりません。大学受験だけではなく、さまざまな資格試験、医師国家試験や司法試験まで、すべて同じことです。

最初に現代の戦いの場は仕事だと書きましたが、『孫子』の戦略的思考は応用の幅が非常に広いのです。

人生のときどきに襲ってくる課題を敵と見なし、負けないためにどう戦うのかを考えていくことが大切です。これは人生を勝ち負けで考えるのではなく、困難をいかに克服し、ストレスを少なくして生きていくかということです。

人生において、限りなくストレスを少なくしようとすると、家にじっと引きこもって誰とも関わらないことになります。しかし、それでは人間力が育ちません。

社会人としてスタートした二十代、三十代のうちは、あえて死地に身を投じてみる。『孫子』を意識して「死地こそ、自らを活性化させるものだ」と大変な場所に飛び込んでいく勇気が必要です。

そうすれば、三十代後半から四十代、五十代と、よいリーダーになっていくことができるでしょう。

リーダーが部下のモチベーションを上げ、一致団結して戦うことができると、部下も仕事に参加する心地よさを感じます。

部下たちは働くのが嫌というわけではなく、効率の悪さやダラダラ長い会議、上司が何をしたいかわからないことにイライラしている。資質がない人がリーダーになっていると、周囲のモチベーションまで下がるのです。

肩書きはともかく、会社や取引先に対して責任を持っている人は、すべてリーダーと言えます。つまり、仕事をしている誰もがリーダーになる可能性を持っています。社会人なら一度は『孫子』を読み、戦略的な判断を間違わないリーダーになってほしい。その願いをこめて、本書では図でわかりやすく学べるようにしました。

ナポレオンや、現代で言えばビル・ゲイツなど、さまざまなリーダーたちが参考にしてきた『孫子』を知り、よりよい仕事をしていただきたいと思います。

図解　孫子の兵法　もくじ

はじめに……001

第一章　勝つための条件

相手のことも自分のことも理解していなければ、絶対に勝つことはできない……014
彼れを知り己れを知らば、百戦して殆うからず。彼れを知らずして己れを知らば、一勝一負す。彼れを知らず己れを知らざれば、戦う毎に必ず殆うし。（第三章　謀攻篇13）
勝負は絶対に短期決戦……018
兵は拙速を聞くも、未だ巧久を睹ざるなり。（第二章　作戦篇5）
プラスとマイナスを列挙すると、動きやすくなる……022
智者の慮は、必ず利害を雑う。（第八章　九変篇36）
仕事の量とかかる時間を考えてから、取りかかろう……026
善なる者は、道を脩めて法を保つ。故に能く勝敗の正と為る。法は、一に曰く度、二に曰く量、三に曰く数、四に曰く称、五に曰く勝。（第四章　形篇16）
基本を積み重ねて「負けない自分」をつくる……030
奇勝無く、智名無く、勇功無し。（第四章　形篇15）
勝つのは、どんな状況でも最後まであきらめない人……034
奇正の環りて相い生ずるは、環の端母きが如し。孰か能く之れを窮めんや。（第五章　勢篇19）
戦いに必ず勝つ人よりも、戦わないで勝つ人が本当にすごい人……038
百戦百勝は、善の善なる者には非ざるなり。戦わずして人の兵を屈するは、善の善なる者なり。（第三章　謀攻篇9）

逃げ道は必ず用意する……042
囲師には闕を遺し、帰師には遏むる勿れ。（第七章　軍争篇34）

コラム1
「孫子の兵法」とはどんなものか……046

第二章　リーダーの心得

リーダーシップとは「判断力・信頼・人望・鋼のメンタル・公平」……050
将とは、智・信・仁・勇・厳なり。（第一章 計篇1）

同じ方向を向いている組織は強い……054
道とは、民をして上と意を同じゅうせ令むる者なり。（第一章 計篇1）

ルールが働きやすさを作る……058
法とは、曲制・官道・主用なり。（第一章 計篇1）

クレーム感覚があるほど勝負できる……062
能く自ら保ちて勝を全うするなり。（第四章 形篇14）

負けない準備の第一歩は、完成イメージの共有……066
勝兵はまず勝ちて而る後に戦い、敗兵はまず戦いて而る後に勝を求む。（第四章 形篇15）

トラブルが起こったとき、すぐに立て直せる体制を作れているか？……070
紛紛紜紜、闘乱するも乱るべからず。渾渾沌沌、形円るも敗るべからず。（第五章 勢篇21）

心の乱れが自滅を招く……074
将に五危有り。必死は殺され、必生は虜にされ、忿速は侮られ、潔廉は辱しめられ、愛民は煩わさる。（第八章 九変篇38）

リーダーにこそ必要な「雑談力」……078
之れを合するに交を以てし、之れを済くするに武を以てするは、是れを必取と謂う。（第九章 行軍篇46）

部下にすべて話す必要は「ない」……082
之れを犯うるに事を以てし、告ぐるに言を以てする勿れ。之れを犯うるに害を以てし、告ぐるに利を以てする勿れ。（第十一章 九地篇59）

失敗はすべてリーダーの責任……086
兵には、走る者有り、弛む者有り、陥る者有り、崩るる者有り、乱るる者有り、北ぐる者有り。凡そ此の六者は、天の災いには非ずして、将の過ちなり。（第十章 地形篇48）

コラム2 「孫子の兵法」は、なぜ仕事に役立つのか……092

第三章　負けない交渉術

戦略の基本は「非戦・非攻・非久」……096
善く兵を用うる者は、人の兵を詘するも、戦うには非ざるなり。人の城を抜くも、攻むるには非ざるなり。人の国を破るも、久しくするには非ざるなり。（第三章 謀攻篇10）

交渉は、だましあい。謙虚になれば、相手は徐々に心を許してくる……100
兵とは詭道なり。（第一章 計篇3）

「戦っても勝てない」と相手に思わせる……104
上兵は謀を伐つ。（第三章 謀攻篇10）

どうすると自分が負けるか、

知っておく……108
用兵の害を知るを尽くさざる者は、則ち用兵の利を知るを尽くすこと能わざるなり。（第二章 作戦篇5）

計算通りに勝ちを実現するには、条件とタイミングをよく見て動く……112
地を知り天を知らば、勝は乃ち全うすべし。（第十章 地形篇51）

相手が心底ほしがっているものは何？……116
善く敵を動かす者は、之れに形すれば、敵必ず之れに従い、之れに予うれば、敵必ず之れを取る。（第五章 勢篇22）

態度や言葉だけでは、相手の心の内はわからない……120
辞庳くして備えの益す者は、進むなり。辞強くして進駆する者は、退くなり。（第九章 行軍篇44）

成功体験に縛られると、本当にほしいものが手に入らない……124
兵を形すの極みは、无形に至る。（第六章 虚実篇28）

遠く見えても、回り道が実は一番の近道……128
迂を以て直と為し、患いを以て利と為す。（第七章 軍争篇30）

不利な交渉は先延ばしにしよう……132
正正の旗を要うること毋く、堂堂の陣を撃つこと毋し。（第七章 軍争篇33）

コラム3 『孫子』が書かれた時代……136

第四章 困難にぶつかったときの対処法

勝ちを信じて、相手の懐に飛び込む……140

勢とは、利に因りて権を制するなり。（第一章 計篇2）

小さなことに気をとられすぎると、大きな判断まで誤ってしまう……144

兵とは国の大事なり。死生の地、存亡の道は、察せざるべからざるなり。（第一章 計篇1）

過大評価も過小評価もせず、正確に自分の能力を見きわめよう……148

小敵の堅なるは、大敵の擒なり。（第三章 謀攻篇11）

日々の地道な努力は「勢いのエネルギー」に変えられる……152

善く戦う者は、其の勢は険にして、其の節は短なり。勢は弩を彍くが如く、節は機を発するが如し。（第五章 勢篇20）

無神経な人に振り回されるな！……156

善く戦う者は、人を致すも人に致されず。（第六章 虚実篇24）

あえて自分を追い込むと、思ってもみない力が発揮できる……160

之れを亡地に投じて、然る後に存え、之れを死地に陥れて、然る後に生く。（第十一章 九地篇59）

「怒り」は誰にでもコントロールできる……164

主は怒りを以て軍を興こすべからず、将は慍りを以て戦うべからず。（第十三章 火攻篇70）

コラム4 『孫子』に学んだ人たち……168

第五章　チームで強くなる

「簡単に負けないチーム」を作ろう……172
昔えの善く戦う者は、まず勝つべからざるを為して、以て敵の勝つべきを待つ。勝つべからざるは己れに在るも、勝つべきは敵に在り。（第四章 形篇14）

お互いのことを知って、モチベーションを上げる……176
其の疾きこと風の如く、其の徐なること林の如く、侵掠すること火の如く、動かざること山の如く。（第七章 軍争篇32）

組織の利益を第一に考えよう……180
進みて名を求めず、退きて罪を避けず……（第十章 地形篇49）

目標を設定して、風通しのいい組織に変えていく……184
越人と呉人の相い悪むも、其の舟を同じゅうして済るに当たりては、相い救うこと左右の手の若し。（第十一章 九地篇56）

共通のモノを持って、全員でモチベーションを上げていく……188
鼓金・旌旗なる者は、民の耳目を壱にする所以なり。（第七章 軍争篇33）

本来の目的を見失うな！……192
夫れ戦いて勝ち攻めて得るも、其の功を隋わざる者は凶なり。（第十三章 火攻篇70）

おわりに……196

※本書で引用した『孫子』の書き下し文は、浅野裕一『孫子』（講談社学術文庫）に拠りました。感謝申し上げます。一部文字づかいや語句については、読みやすさを考慮し、変更した箇所があります。あらかじめご了承ください。

編集協力——菅　聖子

第一章　勝つための条件

相手のことも自分のことも理解していなければ、絶対に勝つことはできない

彼《か》れを知り己《おの》れを知らば、百戦して殆《あや》うからず。
彼れを知らずして己れを知らば、一勝《いっしょう》一負《いっぷ》す。
彼れを知らず己れを知らざれば、戦う毎《ごと》に必ず殆うし。（第三章 謀攻篇13）

まずは自分の能力を正しく把握しよう

その見積もりは正確か

この三つの文は、非常に有名なので覚えておきましょう。

「彼れを知り己れを知らば、百戦して殆うからず」とは、相手のことも自分のこともわかっていれば、百戦百勝できるということ。

相手を知らず自分を知っている場合は、一勝一敗くらい。両方を知らなかった場合には、戦えば必ず危険に陥ると書かれています。相手を知っていて自分を知らないケースは書かれていませんが、それも一勝一敗くらいでしょう。

ここでは、「相手」を今の仕事全体と考えてみます。

仕事を成し遂げるためには自分の実力がどこにあり、どのくらいの時間がかかるかを知る必要があります。「一週間でできます」と言っても、自分の力量を把握していなければ一ヶ月かかるかもしれません。そうなったら大変です。

まずは、自分の能力がどれくらいかを推し量り、時間を算出する。そして引き受けるか引き受けないかを考えます。引き受けるとすればどれくらいの額で引き受けるのか、見積もりを出します。この見積もりの正確さが大事です。

仕事内容と自分の実力がわかっていれば、正確な見積もりが出せるでしょう。しかし、仕事の見通しがなく、自分自身のこともわかっていないと「やり始めたら思ったより時間がかかりました」ということになる。

見積もりができないのは、致命的です。上司からも「一週間でできると言うから任せたのに、全然できていないのか。無理なら最初から言ってよ」と言われるでしょう。

見積もり力があるかないかは、社会人として非常に大事なことです。学生の間は言われた宿題をやるだけなので、「できません」と言っても迷惑はかかりません。しかし、仕事になると話は別です。

「みんなでやったのに」とか「早く言ってくれたら……」などと、周囲は思うでしょう。「できないのなら最初から言って」と言われるはずです。

設定を下げることを躊躇しない

もちろん、自分の実力がわからないままチャレンジして実力が伸びるケースもあります。勇気を持って経験のない仕事にチャレンジするのは、個人レベルでは面白いことだと思いますが、やはり仕事は組織全体としてどうかが常に問われます。

「チャレンジしたら何とかできた」ということは、たまにはあっても、何度も起きることではありません。必要なのは、仕事の情報を集めたところで自分がどう動けるのか、シミュレーションすることです。

「もっと実力があればこういう動きができるかもしれないけれど、自分には難しい」と思ったら、望みを低くするのも一つのやり方です。

「ここでよし」とする基準を下げてみましょう。見積もり価格を低くしたり、期限を遅めに設定すれば、落ち着いて戦えるようになります。

勝負は絶対に短期決戦

兵は拙速《せっそく》を聞くも、未《いま》だ巧久《こうきゅう》を睹《み》ざるなり。

（第二章 作戦篇5）

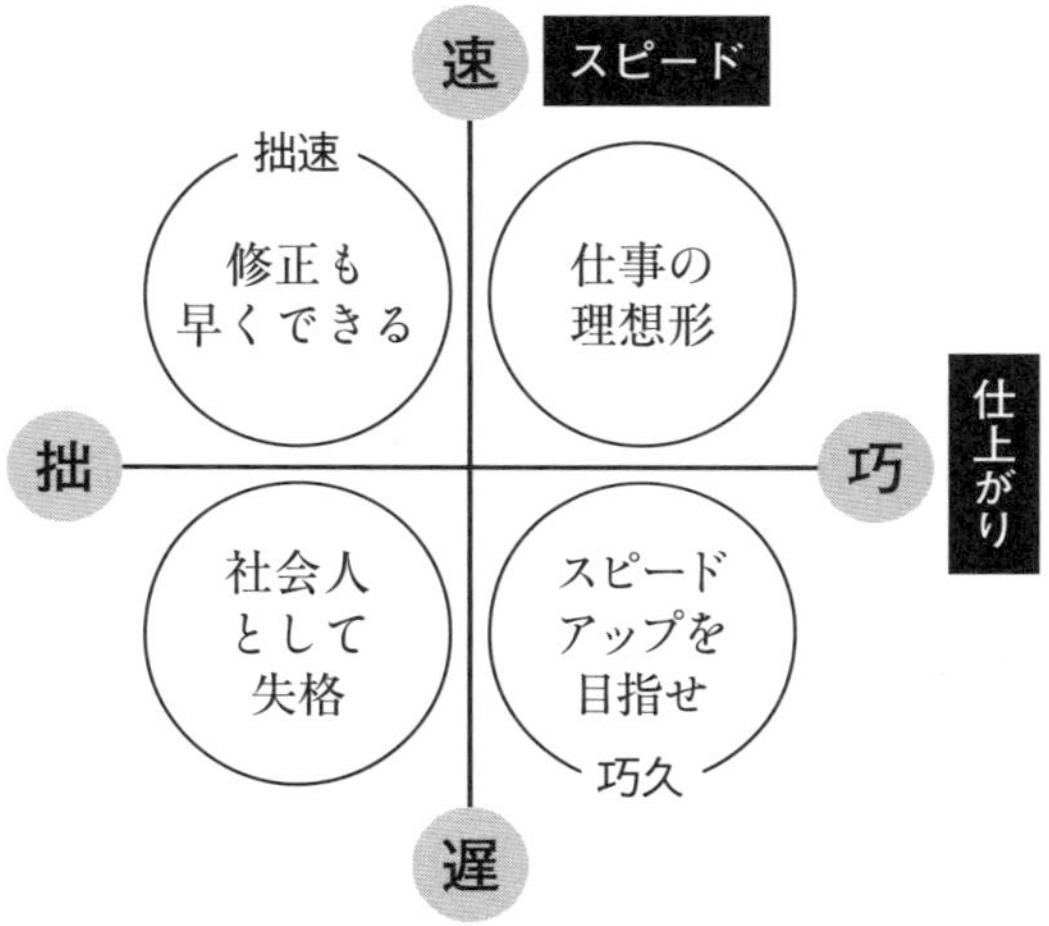

「巧久より拙速」を意識して動く

スピードが最優先

戦いは、長期戦になると戦力が消耗します。国家経済も窮乏し疲弊してしまうので、長期戦は避けたいところです。うまくて速いのがよいのは当たり前。その次によいのは、足りなくても速い「拙速」か、うまいが時間がかかる「巧久」か。

どちらかというと、日本人の仕事は丁寧にやろうとして時間がかかるのではないでしょうか。しかし、ここはとにかくスピード重視でやってみましょう。

スピードが速ければ修正も早くできる。「巧久よりも拙速のほうが上」と孫子は言っているのです。私自身の経験から言っても、その通りだと思います。

たとえば「この本を作るのに六ヶ月かかります」と言われると、次の仕事はその六ヶ月先にしかスタートが切れなくなります。三ヶ月でできあがれば、三ヶ月の時間的スペースが空いて、そこでもう一冊できます。なおかつ並行して仕事をすれば、年間三十冊でも本を出せる。

そう考えると、仕事の遅い人と組むのは非常に不合理です。速く進めば、うまくいかなかったときに修正することができる。直すのが速ければ傷は浅くなります。

今の時代は、潮の流れが速くなっています。二十年前に盛んだった業界が今どうなっているでしょうか？　衰退しているなんてことは当たり前だし、業界そのものがなくなっていることさえあります。

流れに置いていかれないように、拙速でよいのでとりあえず進むこと。大きな規模で進めると大きな失敗につながりかねないので、まずは小さく実験的に進めていきます。

会議でも、意見が盛り上がったらそのとき決断することが重要です。「じゃあ、次の機会に」などの発言が出ると、私はガッカリします。考える材料がそろっているのであれば、「ここで決めましょう」と決断する。進めてみてダメなら、修正すればいいのです。

若い人の提言を実行する

たいていの組織には、古くから続く慣習があります。あまり意味を感じなければ、気づいた若い人が「やめよう」と声を上げましょう。

「今まで提出していた書類、なくても大丈夫じゃないですか?」と提案してみると、「二十年続けてきたけれど、確かになくてもいいかも」「一度やめてみようか」と言う人も現れるはずです。やめてみたら、業務に何の支障もないことがわかったりします。

若い人が「これは必要ないのでは?」と声を上げることは、組織にとってとても大事です。長年組織にいる人は、何でも当たり前になりすぎて、何がプラスで何がマイナスか麻痺している面があるからです。

気づいた人が「これは本当に必要ですか?」「別のもので代替できるのでは?」と提言すること。上の人はその提言を受け入れ、とりあえず実行してみる。実行して不都合があれば、スピードをもって修正すればいいのです。

また、会議中に「あの人はどう考えているんだろう?」という意見が出ることがあります。「じゃあ、電話してみよう」とその場で電話をする。すると、相手の意向がわかってスムーズに進みます。今、電話をかければわかるのに電話をせず、会議が終わってから連絡を取ると、もう一度報告や相談が必要になります。こういうやり方をしていては、スピード感がどんどんなくなっていきます。

電話は、相手の意思を確かめるために非常に便利なツールです。仕事においてはサッサと電話をかけましょう。サッと行ってダメなら、サッと引く。このさわやかさが大事です。

プラスとマイナスを列挙すると、動きやすくなる

智者の慮《りょ》は、必ず利害を雑《まじ》う。

（第八章　九変篇36）

引っ越し候補

プラス（＋）	マイナス（−）
・緑が多い	・近隣の学校がうるさそう
・買い物がしやすい	・駅まで少し遠い
・子どもを安心して遊ばせられる……	・近くにパン屋がない……

材料をすべて洗い出して、判断しよう

検討材料はすべて洗い出す

どんなことにも、プラスとマイナスの両面があります。その利害を突き詰めて考え、臨機応変に対応することが必要です。

プラスとマイナスを考える練習として、手帳に書く方法をおすすめします。手帳の真ん中に線を引き、左側にプラス面を、右側にマイナス面を、思いつく限り列挙していきます。

数が多いほうが優勢というわけではありませんが、物事を両面から考えていくことで、判断に見落としがなくなります。プラス思考の人なら「イケイケどんどんで進めていたけれど、マイナス面も結構あるものだなあ」と思うでしょう。

たとえば不動産などの大きな買い物をするとき、店の人から「次の買い手が待っているので、今すぐサインをしていただかないと」

と言われることがあります。そうすると、焦って買いに走ってしまうケースがある。

焦りすぎると、いいことはありません。焦ったり動揺したりしているときほど、プラスマイナスリストを書いてみると冷静さが戻ってきます。

たとえば、プラス面には「緑が多く環境がよい」「買い物がしやすい」などがあるけれど、マイナス面には「近隣の学校がうるさそう」「駅まで少し遠い」などがある。マイナス面を出し尽くして、「これならすべて乗り切れる」と思ったときには、そのまま進んでよいということでしょう。

大きな買い物をするときには、二人で行くといいかもしれません。一方が乗り気のときに、一方はマイナス面を言い続けてみる。マイナス面を見きわめていけば、買うか買わないかの決断もしやすくなるのです。

数をたくさん列挙する

なかなか行動に移せないときも、プラスとマイナスを列挙すると実現が近くなります。デカルトも『方法序説』で、「全部を列挙しなさい」と言っています。「書き出す」行為が、頭をハッキリさせてくれるのです。

列挙する、箇条書きにするという習慣は、何をするにしても非常に効果が高いと思います。手帳でもいいし、スマホのメモでもいい。要素を洗いざらい箇条書きにして眺めます。

この練習を繰り返していると、物事を多面的に見るクセがつき、いろいろなものを拾い出せるようになっていくのです。

以前、新司法試験の対策を手伝ったことがありました。この試験は弁護士が実際に話し合いをしている場面で起きてくる状況が、ケーススタディのように問題になっています。問題のポイントを列挙できると、点数が上がる仕組みです。しかし実際は「列挙できると点数が上がる」などとは、どこにも書かれていません。それに気づいたのは、模試の答案を見ていたときでした。どの生徒の答案もよく書けているのに、点が思ったよりも取れていなかったのです。そこで、次の模試では「ポイントを列挙してはどうか」とアドバイスしたら、急に点数が上がりました。

誰もが司法試験を受けるわけではありませんが、私はこの「ポイント列挙方式」をみなさんにもおすすめします。

たとえば、夏目漱石の『こゝろ』で「先生はなぜ死んだのか？」という問いを立ててみましょう。普通の人は、理由を一つ思いつくと考えるのをやめてしまいます。でも、二個、三個と続けて考えるのをやめないようにする。

「十個挙げてください」と言うと、理由がいろいろ挙がってきます。そこまでできれば、「いくらでもあるね」という気持ちになる。さまざまな角度から物事を考えられるようになっています。番号をふり、数をたくさん出す練習が効果的です。

仕事の量とかかる時間を考えてから、取りかかろう

善なる者は、道を脩《おさ》めて法を保つ。故《ゆえ》に能《よ》く勝敗の正《せい》と為《な》る。法は、一に曰《いわ》く度《たく》、二に曰く量、三に曰く数《すう》、四に曰く称《しょう》、五に曰く勝《しょう》。

（第四章 形篇16）

数学的思考を持つ

勝つための原則を把握せよ、と書かれています。その原則は五つ。

「度」とは、ものさしで測ること。

「量」とは、分量を見きわめること。

「数」とは、数を計算すること。

「称」とは、比較すること。

「勝」とは、何をもって勝ちとするか。

戦争では、数や量を測ることがいかに大事かわかります。なぜなら、兵力の規模や数によって食料や燃料の補給も変わるからです。

ナポレオンは何度も勝利を収めましたが、やはり「戦争とは数学的なものだ」と語っています。「数字を活用して戦い、数学的思考によって勝利した」と言い切っているのです。

仕事の場面でも戦略的に動くためには、数学的、科学的に考える習慣を持つということが大切でしょう。

仕事量はどれくらいか、それに対してかかる時間はどうか。考えないで取りかかってしまうと、最初に長い時間をかけてしまいがちです。最後は大慌てになり、結局よい仕事ができません。

量と時間を見積もり、一つにつきこれくらいでこなさなければ終わらないと理解してから始めるべきです。割り算をすればいいだけなのに、できない人は意外に多いのです。

時間感覚を鍛える

「時間は最大の資源である」と言ったのはドラッカーですが、確かにみんなに共通の唯一の資源です。時間の浪費は、お金を浪費するに等しいという意識を持つべきでしょう。

私は二十年前からストップウォッチを使っていますが、なかなか教育現場では広まりません。ストップウォッチを使うと「世知辛《せちがら》い感じがする」と思うらしく、使うことを嫌がる学校の先生も多いのです。それをやると、子どもが自由に主体的に考えづらいと言う人もいます。

しかし私にしてみれば、子どもは時間を区切らないと考えません。ただ時間をとっても、ボーッとしているだけということになりかねません。

「一分間あげるから考えてね」と言い、その後三分間でグループディスカッションし、「発表は一人三十秒でやってください」というふうにします。

時間を区切ることで子どもたちは集中し、きちんと考えられるようになるのです。

私は二十年以上ストップウォッチを重視してきた結果、誰も教室で眠らないし、てきぱき考えるし、時間がむしろ短く感じられる授業になっています。

シンポジウムなどでは、ストップウォッチはおろか時計も見ないパネリストがいます。

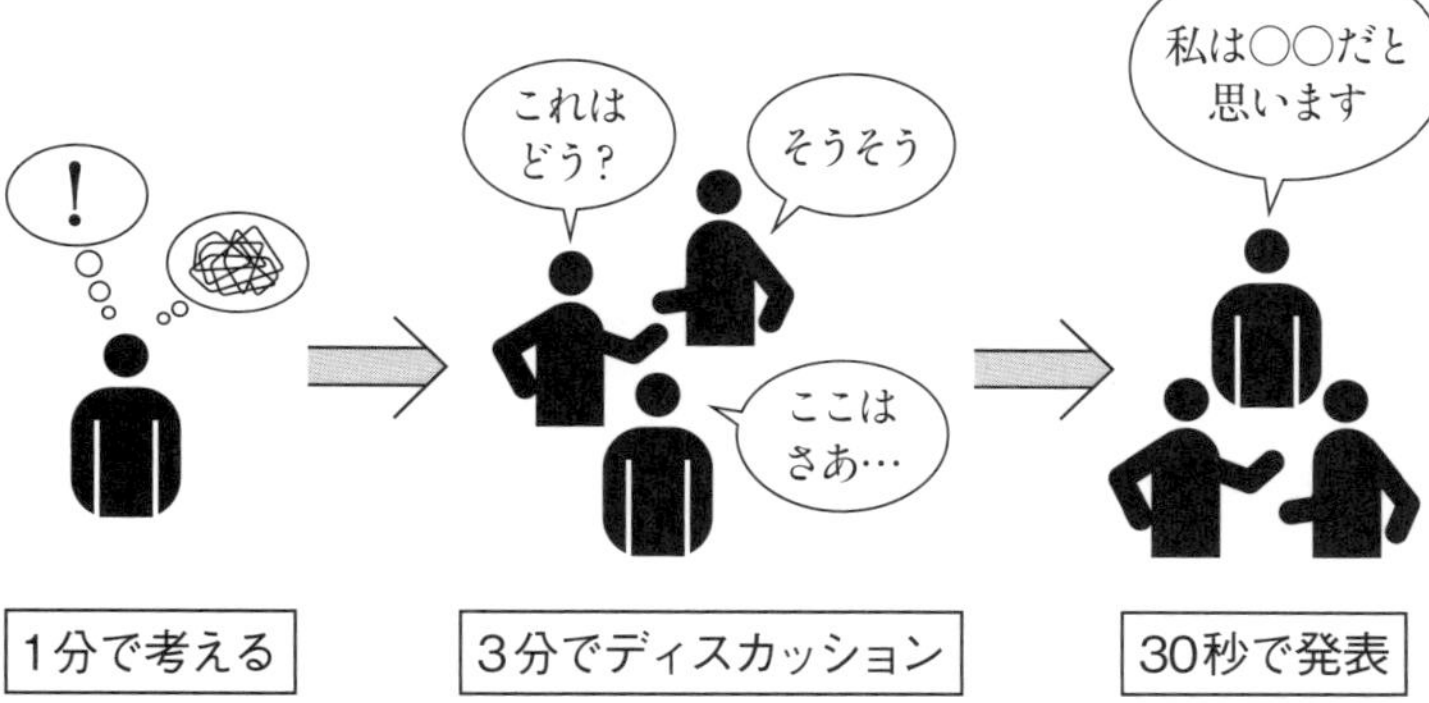

時間感覚を鍛えると、数字への意識が高くなる

「一人五分で発表してください」と言われても守れない。私自身はいつもカバンにストップウォッチを用意して、必ず時間内に終わらせますが、そういう人はまれなのです。

日本人は気が細やかだと言いますが、時間については鍛えられていません。ずるずると時間を延ばす印象があります。

ストップウォッチがあると、時間の感覚が全く変わります。今、この国で問題になっている働き方改革も、時間をルーズに使っていることが大きな原因です。

特に問題なのは、長い会議です。会議を始めるときには「一人〇分で」と決め、ピッピッとストップウォッチを押して話すべきでしょう。そうすれば、会議はあっという間に終わります。

基本を積み重ねて「負けない自分」をつくる

奇《き》勝《しょう》無く、智《ち》名《めい》無く、勇《ゆう》功《こう》無し。

（第四章 形篇15）

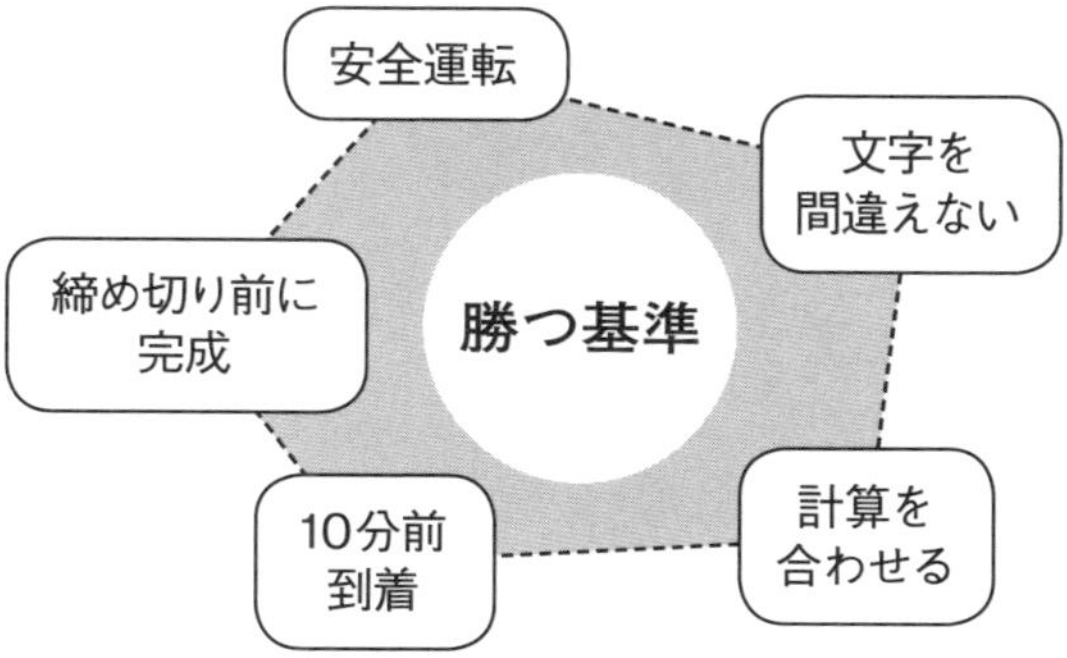

巧みに戦う人＝基本の積み重ねができる人

弱い相手に勝ち続ける

奇抜な勝ちは必要なく、有名になる必要もなく、ほめられたりする必要もない。ほめられるようでは優れているとは言えないと、書かれています。

　勝つというのは、すごいことではなく、当たり前のことをしっかりやっていくこと。まずは、自分の中の「勝つ」の基準を、簡単な場所に置くことにしましょう。

　たとえば「交通事故を起こさない」も、勝ちの一つだと思います。一日事故を起こさないのは簡単です。でも、その簡単な勝てる相手に延々と勝ち続けなければなりません。何年かに一度負けるとすると、何に気をつけるべきでしょうか。

　私自身は、細い道や四つ角では、必ず猛スピードで子どもが飛び出してくると意識しています。たまたま子どもが自転車で飛び出してきたから轢いてしまった、というのは許されません。

子どもが悪くても、子どもというのはそういう存在です。とんでもないスピードで自転車で飛び出してくると常に意識し、徐行します。

そうすると、本当に飛び出してきたとき「やっぱりな」と思う。心の準備があるので落ち着いていられます。事故を起こさないというのは、こうして弱い敵に毎日勝ち続けるようなものなのです。

経理の仕事などで一円も差違を出さず計算を合わせていくのも、勝利です。それ自体、難しいことではありませんが、毎日きちんとやっていかなくてはなりません。

出版業界で言えば校正作業。文字が間違ったまま印刷されるとカッコ悪いので、校正をします。しかし、一つも間違いがないようにするのは、実は非常に難しいことです。

私の仕事に大きく関わっているのは校正作業ですが、たとえば勝海舟の『氷川清話《ひかわせいわ》』は、パソコンで打つと必ず「氷川清和」と出てきてしまい、それが印刷物に残ってしまうことがあります。読者は読んでいると「和ではなく話だ！」と気づきますが、校正作業では間違いが見えてこないのです。

十年くらい前まで、大手の出版社には非常に優れた校閲者がいましたが、今はその水準も崩れています。間違いを見つけるたびに私はゾッとしながら、そのゾッとする作業を何百冊も続けて今に至っています。

ミスのない仕事

交通事故を起こさなかった人、毎日計算を合わせている人、誤植のない本。これらをほめ称える賞はありません。勝っても誰もほめてはくれないのです。

それでも、ミスが起きたらやっぱり大問題です。奇抜な勝ちでもなければ、ほめられるようなこともない。それでもコツコツ続けていくのが仕事です。

ドライバーなら、事故を起こさない。銀行員なら、計算を間違えない。編集者なら、文字を間違えない。ほめられなくても、ミスを防ぐために努力をしていくのです。

もしも、そんな仕事にはずみをつけたいなら、リーダーは「今日も一日、ミスがなくて素晴らしかった!」と部下をほめるといいかもしれません。

戦う相手の設定を高くしすぎないことも、ポイントです。

地味でもミスのない仕事は必ず誰かが見ています。

「あの人、静かに仕事をしているけれど、確実だよね」

こういう人が、本当の「巧みに戦う者」なのです。

勝つのは、どんな状況でも最後まであきらめない人

奇正《きせい》の環《めぐ》りて相い生ずるは、環《かん》の端母《はしな》きが如し。
孰《たれ》か能く之れを窮《きわ》めんや。（第五章 勢篇19）

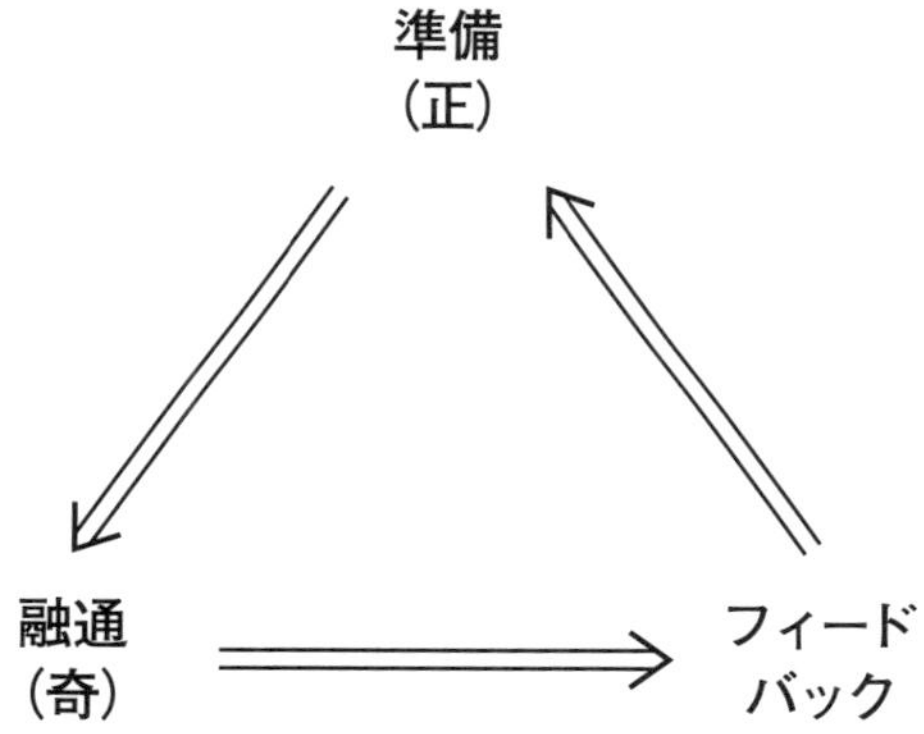

「正」と「奇」をうまく回していく

想定外のことに対応する力

「正」と「奇」というのはさまざまな解釈がありますが、私が思う「正」とはスタンダードな方法、「奇」というのはアイデアです。

　まずは、仕事内容を予測してスタンダードなプランを立てます。それが「正」です。しかし、実際に進めていくと、予想と違うことは多々起きてきます。

「これじゃ、用意したようにはいかない。何かアイデアを出さないと盛り上がらないな」となる。そのとき、現場で思いついて行動するのが「奇」です。

　私はよく学生に、「準備をして臨み、始まったら融通を利かせ、終わったら結果をフィードバックする」ことを教えています。

「準備・融通・フィードバック」と、声に出して言ってもらいます。

マニュアル通りに準備するのが「正」だとすると、「奇」は融通の部分です。「正」も大事ですが、思い通りにならないときに対応する「奇」に強くなっておく。両方がそろうことで、うまく循環していきます。

一つでもアイデアを出す

融通を利かせてアイデアを出すには、練習が必要です。

私は学生に「こんな状態になったとき、あなたならどうしますか？」という質問を次から次に投げかけます。

学生は戸惑いますが、質問を続けて追い込んでいくと「こんなアイデアがある」「この場合は別のアイデアも」と、何とかひねり出すようになります。

最初は面白くなくても、くだらなくてもいい。とにかくアイデアを出すことです。やっていくうちに、多角的にものを見る習慣が生まれていきます。

日本の伝統的な学力は、マニュアルに沿って覚えればよかったものばかり。ところが、今必要とされている新しい学力は、正解が一つではありません。問題解決の方法を、どんどん思いつけることが求められます。

具体的には「これで行き詰まったらどうしますか？」という質問を考えてもらい、四人一組で「一人十五秒で発表してください」と進めていきます。誰もが一個でもアイデアを出すように、「思いつきません」と言えない空気を作るのです。

「思いつきません」と言ってしまう人は、「奇」の思考ができない人です。言われたことは理解でき記憶力もいいので「正」の思考は得意ですが、変化を起こしていくことが苦手。そういう人は、現場では戦えません。

幕末の志士、高杉晋作は、「奇兵隊」という名の軍隊を結成しました。正規の軍隊ではないグループで、武士ではなく農民に刀や鉄砲を持たせたのです。

幕府からすれば「えっ！　こんな手を打つのか」というものでしたが、それを思いついた高杉は、「奇」の思考ができる人でした。

自分の兵力の数と能力を考え、詰めて詰めて詰め切ったときに別のアイデアが湧く。そのアイデアで乗り切ることを、奇策と言うのだと思います。

戦いに必ず勝つ人よりも、戦わないで勝つ人が本当にすごい人

百戦百勝は、善の善なる者には非《あら》ざるなり。
戦わずして人の兵を屈するは、善の善なる者なり。（第三章 謀攻篇9）

① 感情的にならない
② 言葉で打ち負かさない
③ 相手の真の狙いを探る
④ 相手を味方に引き込む
⑤ 感情よりも合理性を優先する

目的は戦うことではなく「成果」

相手のプライドを大事にする

これは『孫子』の中でも有名な言葉ですが、非常に奥深いものがあります。

西郷隆盛も、戦わないで勝つことがよいと考えていました。相手を追い込んで、いよいよとなったところで条件を出す。戦わずして利を得ることを得意としていました。戦ったあとも相手のプライドを大事にしたので、敗れた側も誇りを失うことはありませんでした。

西郷隆盛の遺訓は、西郷率いる官軍に敗れた庄内藩の人たちによってまとめられました。彼らは敗れましたが、西郷が丁寧に接したので西郷のファンになった。そして薩摩にやってきて、行動を共にしました。そのとき聞き書きしたのが、西郷隆盛の遺訓です。敵さえも、自分の味方にしていったのです。

当時、江戸城には徳川家の将軍が住んでい

ました。徳川の世を終わらせるため、薩長は徳川と徹底的に戦い、江戸城を奪い取るはずだったのですが、そのとき勝海舟が西郷を呼んで言いました。

「まともに戦えば、江戸中が血の海になってしまうだろう。江戸の人を救うために、戦わないで済む方法はないだろうか」

この直談判に、西郷が答えます。

「自分の一身にかけて、お引き受けいたします」

そして平和裏に、武力衝突なしに江戸城の無血開城が行われました。戦わずに済めば、それが一番よいわけです。

現代においては、戦うと言っても本当に血を流すわけではありません。何とか言い争いをしないように、仲が悪くなりそうなときにどうするか考えるのです。

仕事先の人が腹を立てていたり、クレームがあったりしたときには、菓子折りを持っていって相手と話をするだけで矛先が鈍ることもあります。本当に怒っている人は、相手から菓子折りさえも受け取ろうとはしませんが、その状況を変えるのが、戦略的思考です。

論理的に相手をやりこめない

たとえば一対一での会話が苦しくなったときには、第三者を入れてみる。状況やパワーバランスを変えていくことも、戦略の一つです。

何か問題が起きたときには、仲介の人を立てるのもよいですね。自分の部署のメンバーではなくても、全体が見えていて言葉に説得力のある人に加わってもらう。その人に「これでどうでしょう」と一言もらうと、全体がほんわか温まり、みんなが納得できます。

一方で、何かというと相手につっかかり、ケンカを売る人もいます。言葉で相手をやりこめて論理的に勝ったとしても、その勝利にはあまり意味がありません。

なぜなら、相手は感情的に納得していないからです。相手が納得しなければ、勝っても意味はないのです。論理的に話す能力自体は必要ですが、論理的にやりこめるのは逆効果だと知っておきましょう。

「負けるが勝ち」という言葉もあります。自分が正しいと思ったときは、相手を追い込みすぎないことです。「自分は論理的だ」「議論に強い」と自信を持っている人ほど、相手を言葉で打ち負かしてしまうもの。まさに私自身がそういうタイプでした。

論理力に自信を持ち、議論では絶対に負けないと思っていた。ところが、その結果どうなったかというと、友人がいなくなってしまったのです。

論理で勝つより人間関係をうまくやったほうが、生きていく上では何倍もいい。「和を以て貴しとなす」ことが、そのときようやくわかったのです。

逃げ道は必ず用意する

囲《い》師《し》には闕《けつ》を遺《のこ》し、帰《き》師《し》には遏《とど》むる勿《なか》れ。

（第七章　軍争篇34）

追い詰めすぎない

小さなネズミでも追い詰められると猫を嚙むことがあるように、完全に包囲され生き延びる希望を断たれると、「身を捨ててこそ浮かぶ瀬もあれ」という戦い方で攻めてくることがあります。それはとても厄介です。

そうならないために、わざと一角を開けておくという考え方です。相手を追い込んでいくと、逆ギレされるケースがあります。

逆ギレが得意な人は、どこにでも一定数いるもの。論理的にはこちらが正しいはずなのに、正論を言うほど相手がキレて、最後はキレた勢いでごまかされてしまうのです。

なぜ逆ギレが起きるかというと、多くの場合、その人が追い詰められすぎているからです。相手を追い詰めすぎたと思ったときは、助け舟を出し、逃げ道を作るといいのです。相手は「だったらそれでもいいよ」と言ってくるかもしれません。

逃げ道は、自分でも用意することができます。

たとえば、店員の失敗でもないのに、お客さんからクレームがついたとします。話しているうちに、店側に非はないことがわかってきても、店側が客を責めるのはよくありません。突き詰めると客のほうは逃げ道がなくなるわけですが、そんなときは店側が逃げ道を作るのです。

「今回のケーキ代は、いただきません」「お詫びのしるしにサービスでこれをつけさせていただきます」というふうに。

怒っている相手は、おさまりがつかない状態です。振り上げたこぶしをどう下ろしていいかわからなくなっている人には「それはごもっとも。ぜひ参考にさせていただきます」と、戦わないでむしろ負けてみる。あるいは納得できそうな条件を出す。そうすると、相手も力が抜けて落ち着いていきます。

言い換えの語彙を持つ

私はテレビ番組で古文の監修をしているので、細かいクレームがつくことがよくあります。たとえば「沙羅双樹」は「さらそうじゅ」と読んでも「しゃらそうじゅ」でもどちらも間違いではありません。

しかし、どちらか片方が正しいはずだという視聴者からの主張が、テレビ局に寄せられます。実際は、漢字の読み方には諸説あって解釈もさまざまです。「参考にさせていただきます」とお答えし、次にまた考えることにしています。

「参考にさせていただきます」という言葉はかなり万能で、相手を「ふう〜っ」と落ち着かせる効果があります。

クレームがあったときには、何を言うかではなく、どう言うか。「言い方が気に入らない」と思うと、相手はキレる。ものの言い方が、ほとんどすべてなのです。

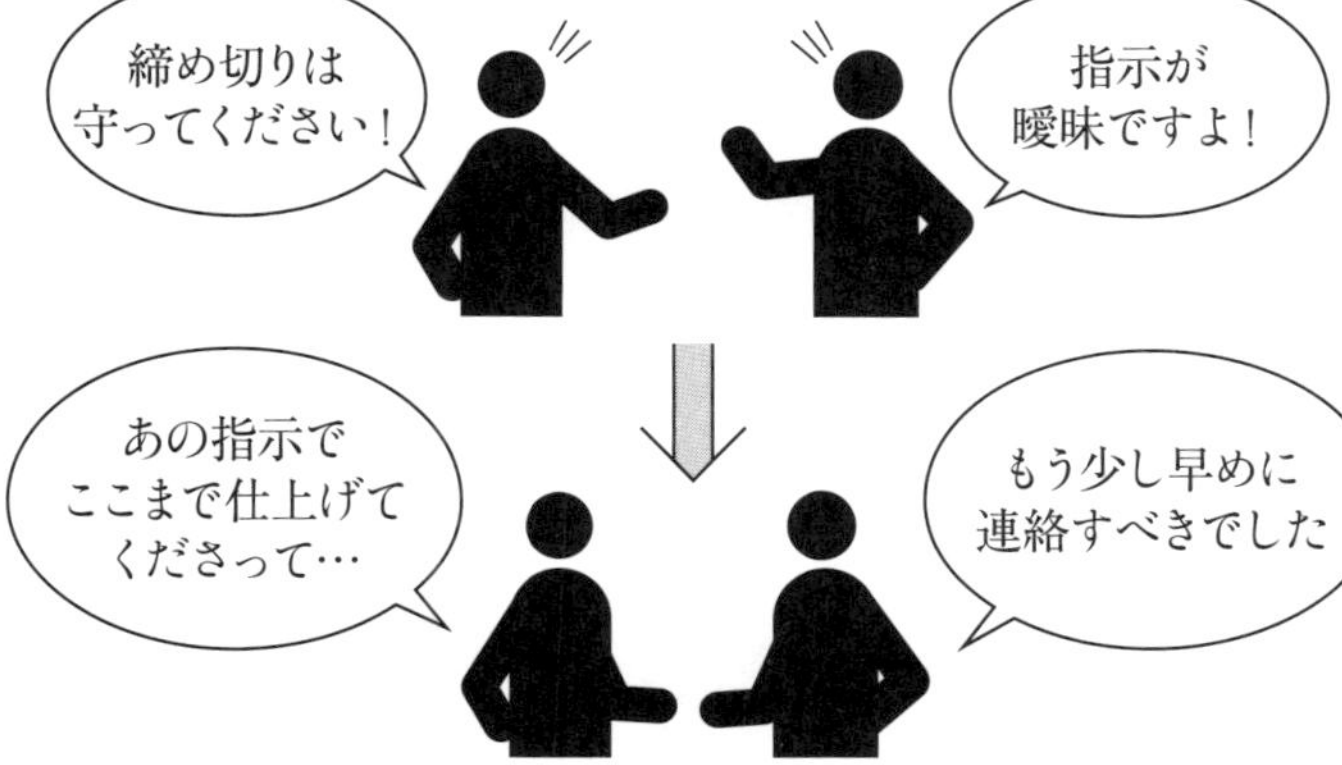

相手を責めるのではなく、スムーズにいく方法で

私は、「言い換え力」も大事だと思います。

以前、新しい政党を立ち上げ、乗りに乗っていた小池百合子さんが「排除いたします」と言い、逆風にさらされたことがありました。

政治の流れを変えた一言だと言われますが、あれは小池さんの言い方がよくなかった。「政治的な信条に照らして、その都度判断いたします」とか「ケースバイケースで考えます」などの言葉を選んでいたら、あれほどの問題は起きなかったでしょう。

「排除」という言葉がもたらす何とも言えない上から目線なもの言いが、強い権力的思考と受け取られて、逆風となったのでした。

人は優勢に立ったときほど、相手の心情を思って言葉を選ばなければなりません。言い換えの語彙を豊富にしておくことは、自分を救うことにもなります。

コラム 1

「孫子の兵法」とはどんなものか
もっとも古く、もっとも優れた兵法書

「孫子の兵法」は、今から約二五〇〇年前の中国で記された『孫子』の中にある「兵法」のこと。作者は呉《ご》の国王に仕える武将であり、軍事思想家だった孫武《そんぶ》です。

孫武の属した呉は新興国で職業軍人がいなかったため、一般市民が武器を手に「孫子の兵法」を駆使して参戦したところ、大国である楚《そ》に大勝利。当時の戦い方を大きく変えたこの書物は、世界で絶賛されました。

その「孫子の兵法」は、次の十三篇から構成されています。

一．計篇――事前に勝算があるかを見きわめる。
二．作戦篇――予算や兵士の人数の見通しを立てる。
三．謀攻篇――謀によって勝利を収める方法。

四. 形篇――どのような態勢を整えるべきかを説く。
五. 勢篇――軍の勢いを利用して勝利する方法。
六. 虚実篇――敵を操り、いかに自軍が有利に戦うことができるかを説く。
七. 軍争篇――敵の気力を奪う戦術。
八. 九変篇――九種類の状況に臨機応変に対応する方法。
九. 行軍篇――敵の事情を見通すことの重要性を説く。
十. 地形篇――戦う場所の特性に応じた戦術と、軍の統率方法。
十一. 九地篇――九種類の土地や環境で、その特徴に応じて行動する方法。
十二. 用間篇――スパイの上手な使い方。
十三. 火攻篇――火や水を使った戦術。

戦うための準備と心構えから始まり、実戦方法へと広がっていく内容は、理想論ではなく非常に現実的。しかも置かれた状況に対して基本的な考えが説かれているので、戦争だけではなく、現代のさまざまな問題と向き合うときにも応用できるのです。

第二章　リーダーの心得

リーダーシップとは「判断力・信頼・人望・鋼のメンタル・公平」

将とは、智・信・仁・勇・厳なり。

（第一章 計篇1）

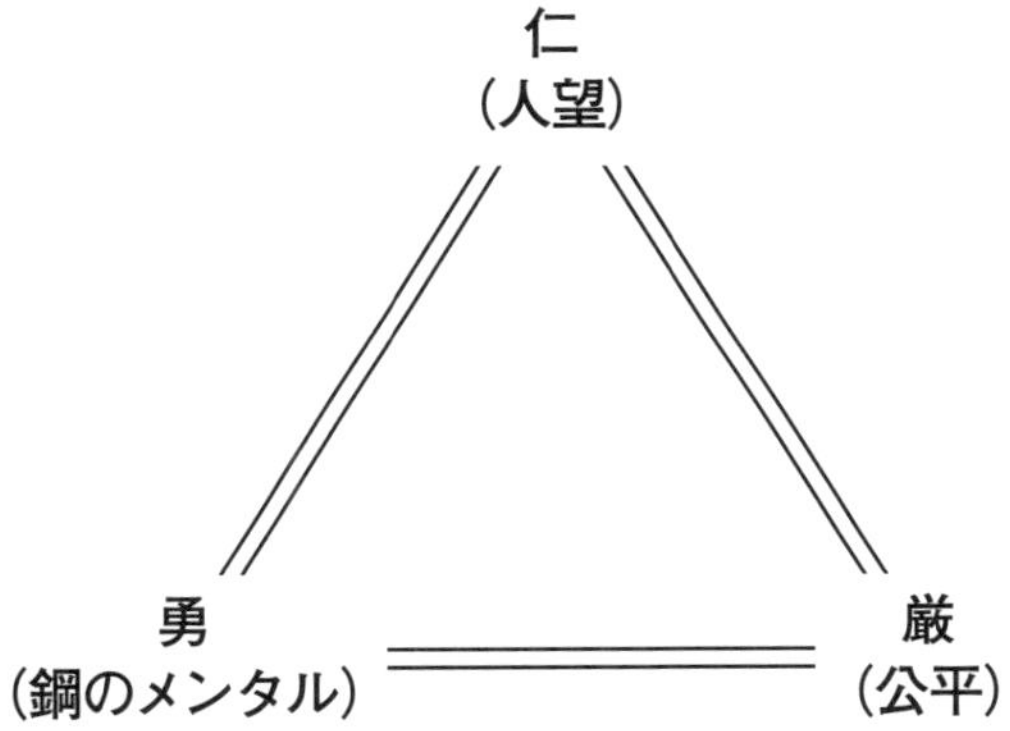

リーダーに特に必要な３つの力

鋼のメンタルを持て！

リーダーには、「智・信・仁・勇・厳」が必要だと書かれています。

このうちの「智・仁・勇」は『論語』でも三徳とされ、身につけておくべき要素と言われています。『論語』と『孫子』とでは目的が異なりますが、人として大事な部分というのは共通しています。

ここにある五つの能力をすべて持つのは難しいので、私は五つのうち三つくらいを持っているといいのではないかと思います。

特に大切なのは「仁」です。人望がないリーダーは、本当のリーダーにはなれません。

人には「その人のために戦いたい」と思うときがあります。たとえば「監督を男にしたい」という理由で選手が優勝を目指したり、高校の部活でも「監督が一所懸命僕たちを見てくれたから、何としても甲子園に連れていきたい」と言ったりする。

これは、仕事の場合も同じでしょう。リーダーに、部下を思いやる「仁」の気持ちがあると、部下はその気持ちに一所懸命応えるのです。

また、ルールを厳格に守る「厳」は、公平でフェアな人と言えます。ここでも「仁」を持っていなければ厳しいだけになり、ルールばかり押しつけてくるうるさい人になりかねません。やはり「仁」は大切なのです。

トラブルが起きてもくじけないメンタリティーを持つ「勇」は、最近の若い人が苦手な部分です。仕事の現場でも、メンタルが弱い人が増えています。

そこでおすすめしたいのは、たとえ「自分は多少メンタルが弱いな」と思っていたとしても、「〝鋼《はがね》のメンタル〟を持っている」と、標榜してみること。

困難にくじけないために必要なのは、「慣れ」です。加えて「鋼のメンタルを持っているので大丈夫です」と言葉にすることも、力になります。

「今まで結構痛い目に遭っているので」と言ってみると、本当に自分が鋼のメンタルの持ち主だと思えて、それほどパニックにもなりません。反対に「パニックになりやすいんです」「メンタル弱いので」と言い続けていると、いつまでも強くなれない気がします。

力を目覚めさせる

リーダータイプでなくても、「自分はこれならできる」というものを持つ人や、人に優しい人がいます。大学で学生たちを見ていると、本当に優しい人は男女問わず人気があります。たとえ「智」や「信」は多少劣っていたとしても、それがあると好かれるのです。

五つの要素をすべて持っている人がリーダーとして優れているのは確かですが、全部をそろえるのは難しい。だとしたら、自分が持っている優れた力は何かを考えてみましょう。

得意な分野を自覚して、その力に目覚めること。言ってみれば「フォースの覚醒」ができたとき、人は強くなれるのだと思います。

人にはそれぞれ役割があって、組織においては厳格にルールを守る門番的な役割を持つ人も必要です。ときには血も涙もない決断をしなければならないときもありますが、その役目がぴったりはまる人がいるのです。

それができるかどうかを考えるには、自らをチェックしてみるといいでしょう。

まずは一ヶ月、「厳」という字を手帳に書いてみます。

自分が時間にルーズだと思ったら「時間を守るための強化月間」と決めて、「厳」の字を毎日書いてみる。毎日一つ「厳」と書いていくと一ヶ月で三十個くらい手帳に「厳」が並びます。書くだけで効果が上がるのが、漢字のよさです。

文字にはそもそも呪術的な力があり、「厳」という字には厳しさが表れている。目に見えるところに一ヶ月書き続けることで、「時間に厳しい自分」ができあがるでしょう。

同じ方向を向いている組織は強い

道とは、民をして上と意を同じゅうせ令《し》むる者なり。（第一章 計篇1）

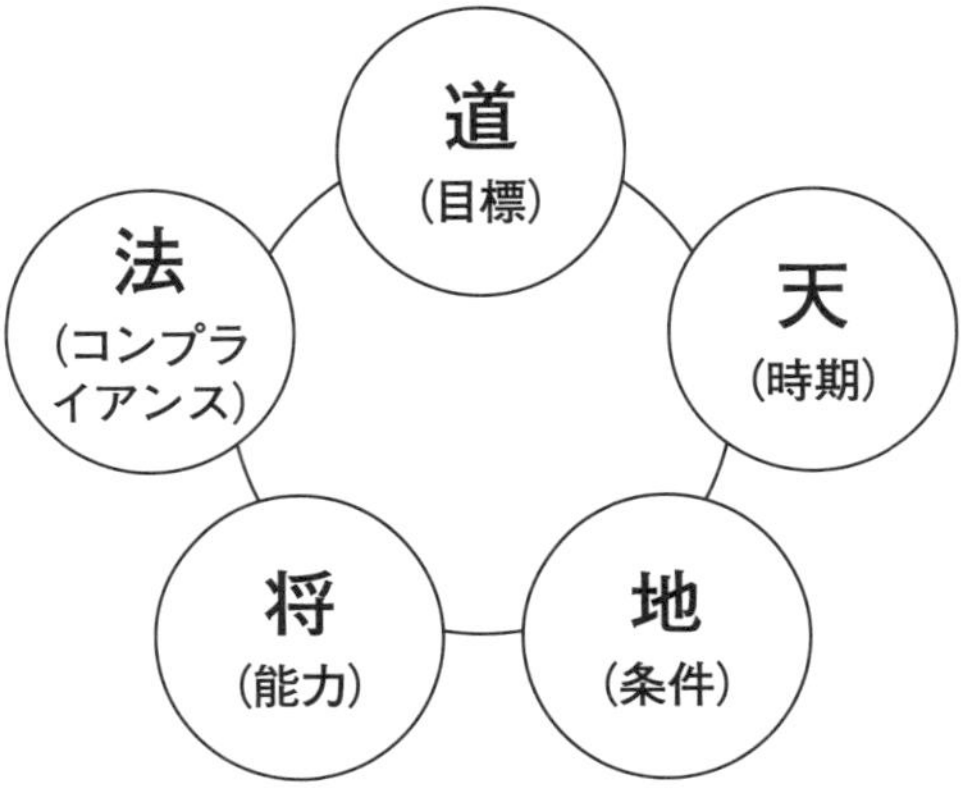

強い組織を作るための５つの柱

リーダーの五つの心得

『孫子』では「将軍の心得」として「道・天・地・将・法」という五つの基本を挙げています。

第一に掲げられているのが「道」。

道とは、民衆の意志をリーダーと同じにさせること。つまり「メンバーのモチベーションを上げてチームを一つにしろ！」ということです。リーダーは進むべき道を示し、チームに方向性を与えなければなりません。

二番目の「天」とは、天候のこと。日かげや日なた、暑さや寒さ、春夏秋冬の四季などの環境を表します。天候によってタイミングを見計らい、この時期ならいいだろうと判断をする。たとえば何か失敗をしたときに、すぐに謝ったほうがいいのか、少し時間をあけて謝るのか。季節や状況が変化していく中で、いつに定めるかはビジネスでも重要です。

状況の変化には、相手との関係の変化もあります。全体に気を配り、配慮をしながら判断ができるのが天です。

三番目の「地」は、地形の把握です。戦うときは高いところが有利とか、距離がどれくらいあるかなど、地形を把握して戦略を練らなければなりません。仕事で言えば、相手に自社へ来てもらうのか、こちらから出向くのか。また、相手の会社の規模と自分の会社の規模など、動かしがたい条件も地と言えます。

天はうつろいゆくものなのでタイミングが重要ですが、地はすでにある変わらない条件。立ち位置を定め、自分たちがどう陣取るか、ポジショニングが問題です。

四番目の「将」とは、明察できる能力や知力のこと。

最後の「法」とは軍法のこと。今でいう法律です。昨今のビジネスの現場では、コンプライアンスが重要になっています。

「法律に引っかからなければ大丈夫」ではダメで、クレームが入らないラインまで厳しく考える時代です。企業にとって、評判が落ちるのは大きなリスク。

法律というのは最低限守るべきことですが、その周辺のグレーな部分も最近のビジネスでは危険域になっています。

全体を見渡す戦略的思考

これら五つの基本事項を理解して動くこと。

そうしないと、全体が見渡せず総合的な判断ができません。

スポーツなどで全体を見ているのは、監督やコーチです。仕事の場合はどんな人にも、監督やコーチの目を持ったマネジメントが必要になると言えます。

「あの人は営業をやらせるとうまいけれど、マネジメントは今ひとつだな」という話はよく聞きます。生涯営業職として自分を貫くのも一つのやり方ですが、マネジメント力を高める練習をしたほうが、絶対に組織のためになるでしょう。

『孫子』には、「どうマネジメントをして戦うか」が書かれています。

一方、宮本武蔵の『五輪書《ごりんのしょ》』には、主に一対一で戦う方法が書かれています。武蔵の道は、悟りに通じています。

これに対して軍を動かすのはマネジメントであり、戦略的思考です。これは、意識的に練習しなければ身につかないものです。

戦略的思考とは、具体的にどんなものでしょうか。

仕事で言うなら全体の方針や条件を把握すること。そのためには何が必要か、自分は何をすればいいかを考えて動いていくことでしょう。

ルールが働きやすさを作る

法とは、曲制・官道・主用なり。

（第一章 計篇1）

「ルール」のすすめ

・基準が明確だと動きやすい
・人が替わっても物事が滞らない
・新しく生み出されるものがある

ルールは仕事をスムーズにする

組織にルールがある理由

組織は、ルールによって動いています。それは今に始まったものではなく、『孫子』の時代から言われています。

組織に属している人は、「ルールが多くてうんざり」と思っているかもしれませんが、ルールというのは人を差別しないので、依怙《えこ》贔屓《ひいき》がありません。

リーダー自身もルールに従うことが必要になる。ルールには、さまざまなものを治めていく力があるのです。ルールによってシステムが動いていると、リーダーが不在になった場合もシステムは問題なく動きます。

リーダーが替わっても仕事が滞らないシステムを作るのは、組織を動かしていく上でとても大事です。

たとえば、銀行は非常に優れた多くのルー

ルで動いています。書き出したらおそらく分厚い電話帳くらいの量がありそうですが、だからこそあのようなきっちりとした対応ができているのです。ルールなくして銀行という組織は維持できません。だから、課長や部長や支店長、誰が変わっても替えがきく。すべてに替えがきくというのは、戦いにおいて非常に重要なことなのです。

ルールは自分たちでよく知って運用すること。ルールがあると基準が明確になり、基準が明確になると人は動きやすくなります。

ルールが変われば現実が変わる

ニーチェは『ツァラトゥストラ』で、「評価は創造である」と語りました。

普通はできあがったものに対して「これは三十点、これは五十点」と評価しますが、評価するという行動が、実は新しい何かを生み出すと考えたのです。

フィギュアスケートでは、採点基準が変わると選手の演技構成が変わります。たとえば後半のジャンプの点数が一・一倍になると、みんなが後半にジャンプを持ってくる。バスケットボールでは、3《スリー》ポイントのルールができたことで、3ポイントシューターが生まれました。このように、ルールによって何かが生み出されます。

ですから、ルール作りは非常に大事。仕事においては「これを新しいルールにしましょう」と決めるのが会議です。

会議では「Aパターンのときはこうしよう、Bパターンのときはこうしよう」「この線ならクリア、この線ならNG」と確認していきます。そうすると、何が起きてもみんなが納得できるようになります。

一番残念なのは、権力を持っている人の胸三寸でルールが決まること。「結局、あの人が『OK』と言うかどうかだ」というやり方は、うまくいくケースもありますが、全員が納得しません。感情のもつれも生まれてしまいます。

大学でも、教授になる条件について統一したルール作りをし、勤続年数や論文数など一定のルールを共有しています。

採用においても、工夫をしています。狭いメンバーの中で選んでいると、偏りが生まれやすい。そこで審査委員会を作り、いろいろな専門の人が加わるようにしました。

こうしてルールを変えるだけで、現実が大きく変わっていきます。

大事なのは、現実に即してルールを微調整すること。突然大きく変えてしまうと「変わった、変わった」ということだけでみんなが振り回され、エネルギーロスが起きます。ルールというのは、それまでの経緯があって、できあがっています。意味があるものなので、時代の流れや人の動きに合わせて微調整をしていくことが大切です。

クレーム感覚があるほど勝負できる

能《よ》く自ら保ちて勝《かち》を全《まっと》うするなり。

（第四章 形篇14）

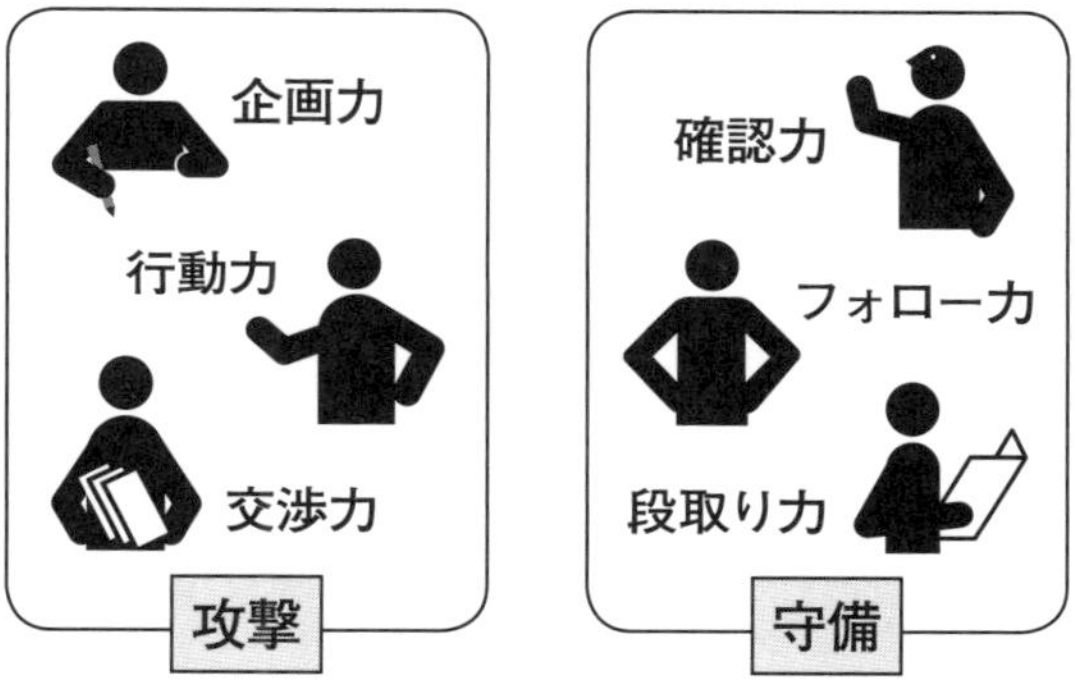

攻撃と守備は表裏一体

ディフェンス力の大切さ

敵軍の攻撃にさらされないために、守備面をしっかり考えておくのは大事なことです。

守備とは何でしょう。

仕事では、「簡単なことでミスをしない」のが守備の基本です。特に画期的なアイデアは思いつかなくても、「あの人のやることにはミスがない」と言われる人は、堅い守備ができています。

私の職場にも、「書類作りに不備がない」という職員Sさんがいます。Sさんのチェックを受けると「完璧だ」と安心できる。もしもいなくなってしまったら大変だなあ、と思うような人です。

組織では、しっかりとした書類を作らなければなりません。履歴書や業績に関する書類、変更の手続きの書類……。それらに不備があると信用がなくなるので、書き方にも統一性が必要です。

これらの仕事は何かを生み出すわけではありませんが、組織にはとても大事。地味ですが非常に神経を使う仕事で、その地味な領域の最終チェックのスターがSさんです。

Sさんからの「ここを修正してください」という指摘はすべて的確で、ディフェンスが完璧。組織においてそういう仕事ができる人は、大きな安心を与えてくれます。

攻めることに長けた人ばかり集まった組織は、大変です。話が盛り上がり、どんどん企画が進みますが、コンプライアンスに引っかかって裁判になったケースを知っています。チームの中にディフェンス役が一人でもいて、「コンプライアンス的に危ないよ」と言っていたら、違う結果になっていたはずです。

私の仕事で言えば、面白い番組や本を作るのは大事ですが、クレームがつかないことも大事。クレームが出ないかを慎重に見きわめ、「でも勝負しよう」と思って進みます。

実はクレーム感覚があればあるほど、勝負できます。訴えられたとしても「これは大丈夫な線です」と言えるかどうか意識しているからです。ディフェンスがしっかりしていると、安心して攻撃もできるのです。

自分の役割をきっちり果たす

スポーツの世界でも攻撃力に偏ってしまったチームは、ディフェンスが手薄になって負けてしまいます。ディフェンスから逆算していくほうが、結局は勝利に近づきます。

では、自分たちの組織のディフェンス力はどの程度なのか。個々のディフェンス力は何かを考えていきましょう。

ディフェンスとは、書類の最終チェックだけではありません。たとえば「この仕事を任せている限り、あの人は安定している。絶対にうまく回せるな」と周囲に信頼され、ローテーションの一角を担えているか。

メジャーリーグでは四人か五人でピッチャーを回しますが、一年間ケガをしないでローテーションを守ることが最大の評価となります。すごいピッチングをするかではなく、一年間ケガをしないで回せたか。それがいわば、ローテーションの一角を守ったことになるのです。

ローテーションを守るという意味では、組織の中での自分の役割を果たすことも、ディフェンス力を保つことになります。自らをよく保つことで、勝ちが全うできるのです。それが部署全体、一人ひとりできているかを検討しましょう。

どうしても苦手な部分があってミスが出る人もいますが、その人だけに責任を押しつけず、チーム体制でミスをカバーできているかも大切です。

負けない準備の第一歩は、完成イメージの共有

勝兵はまず勝ちて而《しか》る後に戦い、敗兵はまず戦いて而る後に勝を求む。

（第四章 形篇15）

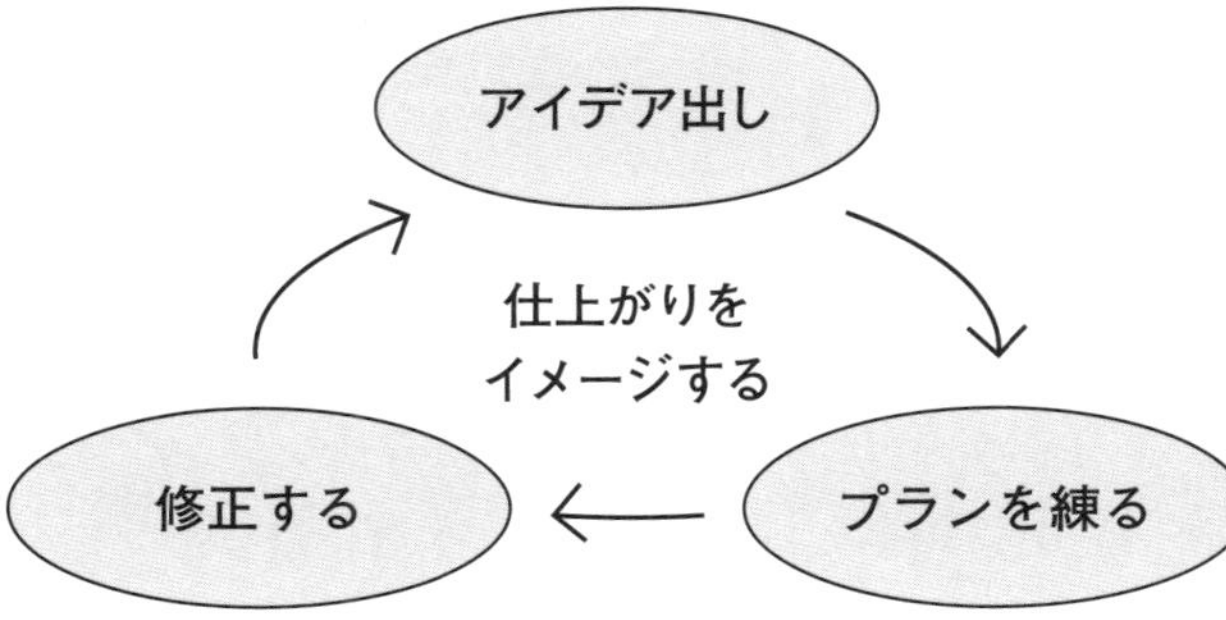

勝つためのサイクルを自分たちのものにしよう

周到な準備で仕事に臨む

勝利する人は戦う前にすでに勝っていて、勝ちを予定通りに実現するために戦う。負ける人は、まず戦ってみてから勝ちを求めに行く――。

まさにこれは、第二次世界大戦における日米のことだと思わされます。

まず奇襲攻撃をかけ、そのあとで先のことを考えようという作戦は、基本的には非常にまずいのです。奇抜な勝ちなどなく、戦う前に勝っていることが大事。そのくらい力の差がある戦いをしなければなりません。

宮本武蔵も、勝てる相手を見きわめて戦っていました。当たり前のことですが、「戦えば何とかなるんじゃないか」という考えは、結局何ともならないことがほとんどです。

仕事でも、「何とかなる」と思ってとりあ

えずやってみたものの、コストがかかっただけだった、というケースはよくあります。

しかし、シミュレーションをして勝つ結果が見え、「これなら大丈夫だ」という感覚が生まれるときがあります。

たとえば、話題になった『うんこ漢字ドリル』(文響社)。

先日、製作者の方のドキュメンタリー番組を見る機会がありました。この方は、元テレビディレクターだそう。いろいろなシミュレーションをして、文字の大きさ、色、レイアウトなど総合的に突き詰めて考えて作ったそうです。

何となく「うんこ、出せば売れるだろ」と思っていたとしたら、あれほどうまくいかなかったでしょう。世の中、そこまで甘くはありません。

その方はずいぶん前に、うんこを使った川柳を作ったらすごくウケたことがあったそうです。昔のことなので忘れていましたが、ある出版社から「以前、うんこ川柳を作っていましたよね」と声をかけられ、再びチャレンジすることになりました。

ポッと思いついて「やってみよう」ということではなかったのです。

うんこ川柳を作った過去があり、うんこへのこだわりがある。実際に見ると、大人だって思わず笑ってしまうし、「こんなに例文で爆笑するドリルが今まであった?」と思うほどの素晴らしいできばえです。

やはりこれは「負けない準備」をして、勝ちを確信して出しているのです。

完成イメージをみんなで共有する

仕事で勝つためには、始まる前のプレゼンでできあがり図を描き、共有しておくことが大切です。「仕上がりはこうなります」と、具体的に見せるのです。

私の知り合いに、プラスチック模型を作る仕事をしている人がいます。まだ本物はできていない段階で、実物に近い小さな模型を作る。あるいは、実物のサイズの模型を作ります。実物に近いものがあると、相手も「ほう、なるほど」となるのです。

家を建てるときに十万円くらいで模型を作ってくれるシステムがありますが、これを渋ったばかりに後悔したと、ある芸能人がテレビで話していました。「模型を見ていたら、こんな屋根にはしなかった」と。機能性のよさで選んだ屋根でしたが、できあがりを見たら不具合が見つかったのです。

十万円を渋ったばかりに、三百万円でやり直すことになってしまった。模型を作って仕上がりイメージを共有できていれば、そこに向かって進んでいくことができたはずでした。

本作りでも、企画段階から形を描き、タイトルと帯文句を考え、それを共有してスタートすると成功しやすくなります。完成イメージを共有しておくことが、重要です。

トラブルが起こったとき、すぐに立て直せる体制を作れているか？

紛紛紜紜《ふんぷんうんうん》、闘乱するも乱るべからず。
渾渾沌沌《こんこんとんとん》、形円《かたちめぐ》るも敗るべからず。
（第五章　勢篇21）

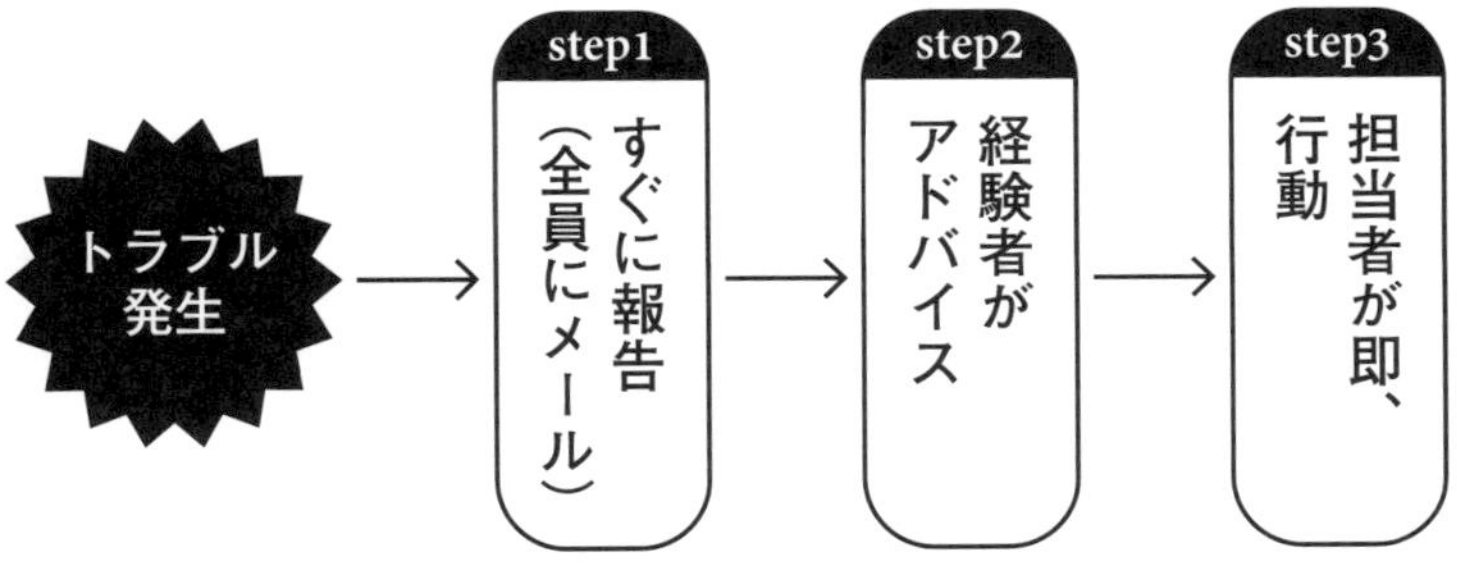

トラブルに強い仕組みを作る

渾沌を立て直すためには

人の動きがコントロールできている組織は、問題が起きたときも大きく混乱しません。

ところがコントロールできていない組織は、指令が出ても聞かず、役割も混乱してきます。組織というのは不安定な状態になったとき、どのように統制をとるかが大事です。

統制がとれているチームは「治・勇・強」の状態です。混乱してしまうと、治は乱に陥り、勇は怯《おび》えに変わり、強は弱へと転落する。「乱・怯《きょう》・弱」へと変化していくのです。「渾渾沌沌」とは、よい状態で進んでいたつもりが、いつの間にか悪くなっていること。その渾沌の中でどうするかが問題です。

混乱しているときに組織が崩れないためには、指示系統がしっかりしていることでしょう。立て直せる体制を持っていることが重要です。混乱して糸がもつれたような状態のときには、それを解きほぐさなければなりません。まずは、混乱状態を一度停止させる。混乱した状態のまま判断して動いてしまうと、次の判断を間違ってより深刻な状態になるからです。止めるときは、全員に状況を知らせます。私の職場では、「こういう状態になったのですが、どうしたらいいでしょうか?」と、当事者がメールを回すことにしています。たいていは経験の浅い若い人です。そして、経験知がある人がアドバイスをするルールです。

ここで大事なのは、若い人が自分の領域を守ろうと思うあまり、状況を周囲に報告しないことです。黙っていれば、そこでトラブルが進んでしまうことがある。

以前は、トラブルが起きたときには担当者だけで解決しようとしていました。しかし「起きていることを全員が把握すると防げる可能性が高い。全員の経験知でカバーしよう」とルールを変えたのです。

CCメールで全員に送られてくるのでメール会議のようになるのですが、これがきわめてうまく機能しています。難しい問題も一人で解決せず、経験知のある人からアドバイスをもらうことが混乱を防いでいます。

上下関係の時代は終わった

今の時代に大事なのは、指示系統よりも「経験知ネットワーク」でしょう。

たとえば、問題が起きた顧客のことを一番知っているのは前の担当者です。異動したら「もう無関係」という顔をするのではなく、「このお客さんはね」と、パーソナルな経験を話すようにすればいい。

引き継ぎでは、仕事の形式を教わります。しかしパーソナルな経験知は、事が起こってみないと必要かわかりません。わからないときに、独立心が裏目に出ることもあります。特に若い人の、「人に迷惑をかけないようにしよう」という独立心は、トラブルを大きくする可能性が高いのです。

経験知のある人からすれば「なんで一言相談してくれなかったのかな」と思うでしょう。しかし、若い人が上の人に相談を持ちかけるのは緊張するものです。

だからこそ、リーダーが話しやすい関係を作り、相互ネットワークで経験知を寄せ集める。「三人寄れば文殊の知恵」的なネットワークは、組織にとってもプラスです。

以前は私も、別の担当者が何をしているのか知りませんでした。今はみんなの仕事内容がわかるようになり、相談事を持ちかけやすくなっています。しかも、メールやインターネットは素晴らしいツールで、その都度集まらなくてもサッと経験を伝えれば済むのです。

そういう意味で、組織はもう上下関係の時代ではないのかもしれません。

全員が経験知を出し合うことで、漏れを少なくするのです。そのときどきでリーダーが変わるくらいの柔軟さがあってもいいと思います。

心の乱れが自滅を招く

将に五危《ごき》有り。必死は殺され、必生《ひっせい》は虜《とりこ》にされ、忿速《ふんそく》は侮られ、潔廉《けつれん》は辱《はずか》しめられ、愛民《あいみん》は煩《わずら》わさる。（第八章 九変篇38）

リーダーに必要なのは安定したメンタルとバランス

正しい評価の目を持つ

「必死にやれ！」「死ぬ気でやれ！」など、当たって砕けろの精神は、たいてい砕け散ってしまうもの。リーダーならば、「砕けるような当たり方をしないように」と言わなければなりません。

ここには、リーダーのやってはいけないこととして「必死」「必生」「忿速」「潔廉」「愛民」の五つが挙げられています。

必死とは、破滅へ向かって思考停止してしまうこと。当たって砕けろと、むざむざ戦死を迎えるケースです。

必生は、生き残ろうとするので悪くないのですが、決死の覚悟が足りない。敵に囲まれて、捕虜にされてしまいます。

必死や必生というのは、考え方が偏っています。決死の覚悟を持ちつつも、あきらめないであくまでも生き延びる道を探る。そのバランスが大事ということでしょう。

忿速とは、闘争心旺盛で決断が早いのですが、短気ですぐにカッとなってしまう。こういう人は、相手の戦略に乗ってしまいがちです。

潔廉は、人格が高潔で利欲に目がくらまない人ですが、気位が高く清濁併せ呑むことができない。清いものしか受け入れられない人は、融通が利きません。

愛民は、部下や民衆を愛すること。それ自体はよいのですが、度が過ぎると情に流されて判断ができなくなってしまいます。

たとえば「ここでメンバーから外したら、自信喪失するだろう。かわいそうだ」と言って使っているうちに、全体の業績が落ちていきます。リーダーは、どこかで非情な意志の強さを見せる必要があるのです。

しがらみがあっても、切るものは切る。決断をしなければならないのが、リーダーです。

夏目漱石の『草枕』に「情に棹《さお》させば流される」という言葉がありますが、情に脆いと流され、判断を誤ります。流されるのではなく、そこで是々非々で判断していくのです。

それがうまく回っていくと、リーダーとして評価され、周囲も納得するようになっていきます。

メンタルの安定

リーダーにとって「正しい評価の目」は、すべての基本です。依怙贔屓がないこと。部下が成果を挙げたときには評価すること。そうすれば、部下は信頼を寄せてくれるようになります。

「正しい評価の目」がなければ、信頼を失います。

たとえば社内に学閥があって、「大学の後輩だから」という理由だけで特定の部下をかわいがることもあるようです。しかし、是々非々で「いいものはいい、よくないものはよくない」というクリーンな公共心を持つことが、大事でしょう。「あの上司、学閥を優遇してるよね」ということでは、最終的には組織のためにもなりません。

ここに掲げた「必死」「必生」「忿速」「潔廉」「愛民」の五つは、どれも行きすぎてしまってはダメということ。何事もバランスです。

上司としてバランスよく進めるには、メンタルの安定が重要です。怒りから行動したり、自分のプライドが傷つくからできないというのではなく、最悪の事態を想定しながら現実に即して判断をしていくのです。

リーダーにこそ必要な「雑談力」

之《こ》れを合《がっ》するに交を以《もっ》てし、之れを済《ひとし》くするに武《ぶ》を以てするは、是《こ》れを必取《ひっしゅ》と謂《い》う。（第九章 行軍篇46）

雑談は“人間同士のおつきあい”

偏愛マップで雑談を

リーダーがメンバーとしっかり交わって意思疎通がとれていると、いざというときにサッと全員で動けます。逆に意思疎通ができていなければ、なかなか動くことができません。

プロ野球の星野仙一元監督が亡くなったとき、彼が選手の奥さんの誕生日に贈り物をしていたことを知りました。選手はたくさんいるので奥さんや家族にプレゼントをするとなると、一年中が記念日のようになります。それでも、ちゃんと忘れず手配をしていた。すると、奥さんのほうも「監督さんのために、頑張ってね」という気持ちになるわけです。

普段から部下のことを気にかけて話していると、部下の今の状況が把握できます。そのときに大事なのが雑談です。何気ない雑談の中で、悩み事も見えてくるからです。

雑談もしない間柄なのに「今の君の悩みは何？」なんて唐突に聞くと、それ自体がパワーハラスメント（以下、パワハラ）っぽくなってしまいます。

パワハラになるかならないかは、雑談というクッションがあるかないかで決まります。クッションなしにいきなり聞いたり、命令したりしないこと。やはり、普段から雑談をして交わっておくことが大事です。

話題に困るというなら、「この人はペット」「この人は読書」「この人はゴルフ」など、個別に盛り上がる話題を持っておくといいでしょう。

私のおすすめは「偏愛マップ」。自分の好きなものをぎっしり書いたマップを、お互いに共有するのです。パソコンにアップすれば、全員で見ることができます。

ある大きな会社でみんなに偏愛マップを作ってもらったところ、部外の人の好きなことも知ることができ、懇親会などで非常に盛り上がりやすくなったそうです。

雑談のネタがないと、なかなかコミュニケーションは難しいものです。仕事の話もいいのですが、そればかりになるとリラックスしたいときにもできなくなります。

そこを、雑談で埋めていくのです。

ルールを明文化する

この言葉は、もう一つの言葉とセットになっています。

「卒《そつ》未《いま》だ榑親《せんしん》ならざるに而も之《しか》れを罰すれば、則ち服さず。服さざれば則ち用い難きなり。卒已《そつすで》に榑親なるに而も罰行われざれば、則ち用ならず」

交わって親しくなる面も必要ですが、一方で厳しく規律を保つ面を持つべき。ルールを違反した人に対しては、罰をもって臨むということでしょう。

「泣いて馬謖《ばしょく》を斬る」という、中国の古い話があります。

将の孔明《こうめい》が、馬謖という兵士をかわいがっていた。しかし馬謖が作戦に従わず勝手なことをしたために、泣く泣く処罰したという話です。

昔は、周囲に示しをつけるためにも、こういう例がよくありました。

ただ、今の時代は個人が個人に対して厳しく接すると、パワハラになりかねません。そこでルールを守ることが重要になるわけです。そして、ルールを守らない人を処罰する。

そのためには、ルールを明文化する必要があります。全員が了解しながらルールを作成すれば、人はルールを守るようになります。そして、ミスしたときに処罰を厳しくするよりは、事前のコミュニケーションによってミスが大事に至らないようにする。

そこではまた雑談が効果的です。廊下ですれ違ったときや、エレベーターで一緒になったとき。その十秒や十五秒で、「ワンちゃん元気？」とか「最近ゴルフに行っていますか？」とサラッと雑談してみるのです。

お天気の話プラス α《アルファ》の話題ができると、普段から気持ちが通じ合うようになります。

部下にすべて話す必要は「ない」

之《こ》れを犯《もち》うるに事を以《もっ》てし、告ぐるに
言を以てする勿《なか》れ。
之れを犯うるに害を以てし、告ぐるに
利を以てする勿れ。（第十一章 九地篇59）

知っている	知らない
⊕ 一人ひとりの意識改革 ⊖ 士気が下がることもある	⊕ 組織として強みを発揮 ⊖ 全体が見えず、 不安に感じる人も……

ゴールを見すえて臨機応変に

すべてを知らなくてもいいという考え方

「褒美を与えるから働いてくれ」と言うより、「これだけ大変な状況だ」ということを伝えて仕事をしてもらうほうがよい、という考え方です。

プラスの要素ではなく、マイナスの要素だけを知らせたほうがうまくいく。要するに、部下はプラスのことは知らなくてもいいと言うのです。

これは軍隊や犯罪者集団ではよくあることですが、現代の組織では少なくなっています。最近は働き方もずいぶん変わり、組織の下の人まで現実を明確に伝えるようになりつつあります。末端が知らないことは、それほどないかもしれません。

そう考えると『孫子』に書かれていることは、ややブラックな印象ですね。

でも、考え方によってはこうも言えます。よい状態を知ってしまうと、人は安心して気をゆるめることがある。切羽詰まった状況だけを知らせることは、チームの士気を高めるためにも必要である、と。

『孫子』の中には、必ずしも一人ひとりが全部を知らなくてもいいという考え方があります。すべてをわかっているのは将軍で、兵士は一つひとつの仕事が何であるかを知らなくてもいい。それぞれに指示が明確に与えられ、その指示に従って動いていけば、間違いないという考え方です。

情報を統制する

現代の企業においては社員一人ひとりが意識改革をして、会社の方針を理解しておくことが求められています。「部下はいちいち全体を知らなくてもいい」という考え方ではなくなっています。

みんなが全体の意図を理解して動ける組織は、もちろんいい組織です。しかし、人数が多くなればなるほど、そうはいかないことも出てきます。

そのときは「君はここをしっかりやってくれ」「君はこちらをやってくれ」と役割分担し、結果はトップが責任を持つというやり方もあるでしょう。全部を知らせないで動かしていくことは冷徹なようですが、組織として強みを発揮できることもあります。

三国干渉に際して、伊藤博文と陸奥宗光は二人だけで話し合って、大国からの要求受諾を決めました。ギリギリの判断を迫られながらも二人だけで決め、内情については他の人に言わなかった。そのことが陸奥宗光の『蹇蹇録《けんけんろく》』に書かれています。

すべてを詳《つまび》らかにすればいいというものではなく、言わないほうがうまくいくことだってあるのです。

正直であることがベストなときもありますが、「これを言ったら、かえって士気が下がる」とか「本当のことを言ったらおしまい」ということもあるので、何を伝えて何を伝えないかは、トップが取捨選択するべきでしょう。

組織としての厳しさを維持していくために、情報のシークレットレベルを決めている組織もあります。

たとえば、メンバーの役職によって情報にアクセスできる権利が違ったり、本当に大事な機密情報はわずかな人しか知らないなど、情報統制が行われているところもあるようです。

情報共有や情報の透明化はもちろん必要ですが、一方では秘密保持も重要になってきている時代だと思います。

失敗はすべてリーダーの責任

兵には、走る者有り、弛《ゆる》む者有り、陥る者有り、崩るる者有り、乱るる者有り、北《に》ぐる者有り。

凡《およ》そ此《こ》の六者は、天の災いには非ずして、将の過ちなり。（第十章 地形篇48）

誰のせいにもしない覚悟

この言葉は有名で、ことわざのようになっています。

部下のミスはいろいろあるけれど、リーダーならば、うまくいかなかったことを誰のせいにもするな、ということです。

起きてしまった失敗を、状況が悪かったんだ、環境が悪かったんだ、タイミングが悪かったんだ、運が悪かったんだ、天が悪かったんだ……と、自分のせいではないと棚上げするのが「天の災い」という考え方です。これを絶対にしない覚悟が、リーダーには必要です。すべて自分の責任だと考えるのです。

たとえば、授業が面白くないのは、教師に責任があります。

生徒は、面白くない授業を面白くすることはできません。生徒がそれを管理しているわけではないからです。方針を決めているのは生徒ではないし、発問しているのも生徒ではありません。

中学、高校では教科によって先生が変わりますが、同じクラスでもみんなが聞く授業と、全然聞かない授業がある。やはり先生次第なのです。

組織においても、上司次第でチームは変わっていきます。しかし、上司がよいからといって必ずしもうまくいくとは限りません。うまくいかなかったときに責任をどう取るかが、問題です。

謝らなければならない相手がいたときには、まず上司が謝ることでしょう。「その部下に仕事を任せたのが間違いだった」ということもあるからです。

しかし失敗した本人に向かって「君に任せた私が悪かった」という言葉は、使ってはいけません。

心の中で「この人には荷が重かったのだ。担当者を選ぶときの自分のミスだ」と考え、「君の責任ではないよ。私が謝っておくから」と事態の収拾を引き受けるのがリーダーの役割でしょう。

何か問題が起きたときにリーダーが謝って収めるのは、日本人の慣例です。そのとき、リーダー自身が自分にマイナスポイントをつける。

たとえば、組織で不祥事があったとき、リーダーである理事長の処罰が軽くて理事のほうが重い場合、「事態を招いた理事長の責任は?」と世間からも問われます。

リーダーが真っ先に、より厳しい処分を自分に与えるように持っていかないと、信用問題になるのです。

負けには必ず理由がある

サッカーの世界では、監督はしょっちゅうクビになっています。選手が悪ければ、監督は別の選手を使うことができます。状況が悪いのは、すべて監督のせいということになっ

敗因はこの中にある

ています。

ひどいときには二～三ヶ月でクビになる。監督はぐるぐる回っていくのです。

そのメンバーで戦うことを選んだのは監督で、どういう戦略を用いるかを考えるのも監督です。それで結果が出なければ監督が変わる。その考え方は、とても合理的です。

チームでよい働きができなかった選手が悪いのでは？　と思うかもしれませんが、そのことで選手はいきなりクビにはならず、レギュラーから外されます。監督が変われば、今までベンチにいた選手がまた使われたりします。

勝敗の責任を監督が取るということが、一番はっきり見えるのがサッカーの世界です。

それに比べて何年も結果が出ないのに、監督が「もっと選手が頑張ってくれれば」などと言っているプロ野球の世界もあります。ひどい負け方をして何年もBクラスに甘んじているのに、監督が変わらない。しかも監督のコメントを聞くと、選手の批判をしている。選手を悪く言えば言うほど、監督の人望はなくなっていきます。

世界のサッカーと日本のプロ野球とでは、責任を問われるスピードが相当違うのです。責任を取って辞任したサッカーの監督に、挽回のチャンスがないわけではありません。よそのチームで成功するケースもあります。

失敗をしたとき、組織のリーダーが考えるべきことは三つあります。仕事の重さとメンバーの選定をミスしていないか。指示が不明瞭でなかったか。フォローが足りなかったのではないか。

この三つを「事前・最中・事後」で考えていくと、たいていどこかに当てはまります。「負けに不思議の負けなし」という言葉がありますが、負けるには必ず理由がある。勝つときは不思議の勝利がありますが、負けにはありません。負けたときには部下のせいにせず、敗因を分析するのがリーダーの役割です。

コラム 2

「孫子の兵法」は、なぜ仕事に役立つのか

考え方を学べば現代に応用できる

「孫子の兵法」には戦うための方法が書かれていますが、これを読めば強い兵士になれるというわけではありません。

戦争とは、さまざまな条件が複雑に絡み合って起きるもの。地形も、天候も、人の動きも一時たりとも同じ状態はありません。昨日には有効だった戦術が、状況の変化によって今日は全く逆効果になることだってあるわけです。

私はビジネスも同じだろうと考えています。さまざまな条件に対応しなければならない現代の仕事は、とても複雑です。交渉や契約などをする場合は、現場ですぐに動かなければならないし、スピードだって求められています。

しかも、少し前の時代なら上司に任せておけばよかった重要な判断を、現場で動かしていくことも増えています。

一人のビジネスパーソンに、多くの能力が求められている時代。誰もが「孫子の兵法」で言うところの「将軍」となって戦わなくてはならないのです。

もしも兵を率いる資質がない人がリーダーとなったら、仕事は進まなくなり、周囲のモチベーションも下がってしまいます。

そこで、「孫子の兵法」を仕事に役立ててほしいのです。

この本は、君主に仕え、兵士を指揮する将軍や上級将校向けに書かれています。君主という言葉は会社や上司、兵士は同僚や部下と置き換えて読んでみましょう。すべてが現代の私たちにも当てはまるヒントとして、心に入ってくるはずです。

実際、「孫子の兵法」に書かれているのは、具体的な戦法というよりも基本的な考え方。読む人がコツさえつかめば、さまざまな場面に応用していくことができる内容になっています。

第三章　負けない交渉術

戦略の基本は「非戦・非攻・非久」

善く兵を用うる者は、人の兵を詘《くつ》するも、戦うには非《あら》ざるなり。人の城を抜くも、攻むるには非ざるなり。人の国を破るも、久しくするには非ざるなり。（第三章 謀攻篇10）

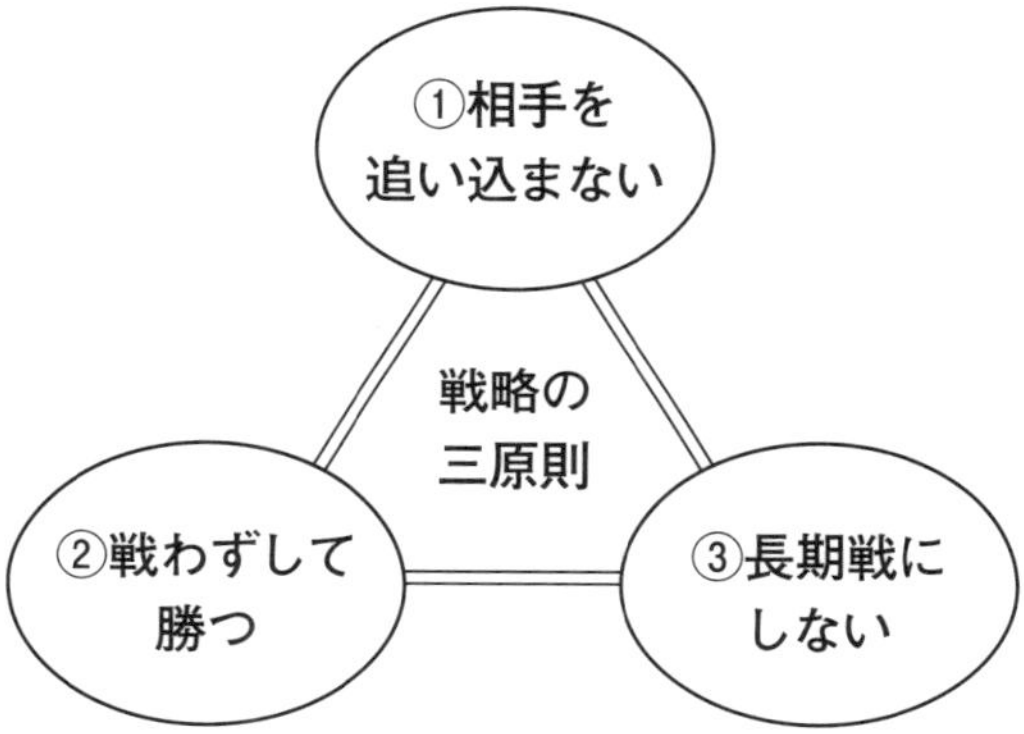

目的は、ほしいものを手に入れること

自分の勝ち方を持っておく

相手を徹底的にやっつけないこと。城を攻めるときも戦わずして落とすこと。長期戦にしないこと。これが戦略の基本だと書かれています。

つまり『孫子』は戦うための兵法書ではなく、戦わずして勝つことを目的としている兵法書なのです。

たとえば、人間関係がこじれて冷戦になると、あとで恨みも残るし疲れます。自分の言いたいことを言って意思を通しても、後味が悪い。

しかし、こちらが下手に出ると、相手の態度は軟化します。お互いに軟化し合って感情を波立たないようにするのが「非戦・非攻・非久」です。

この考え方は、クレーム対応などにも使え

ます。

クレーム対応で殺伐としないためには、菓子折りを持っていくのも一つの戦わない意志です。「もう戦いを望んでいません」という意志を、贈り物で示すのです。

フジテレビの「痛快TVスカッとジャパン」を見ていたら、俳優の木下ほうかさん演じる「イヤミ課長」が嫌味をまくしたて「はい、論破！」と言ってポーズを取っていました。あれを見るとものすごく気分が悪くなり、人を論破してはいけないことがわかります。論破して勝ったつもりでいても、人間関係を壊しているという点では負けています。

論理の剣は、伝家の宝刀みたいなもの。抜かないに越したことはないのです。もちろん論理的に話す能力は必要ですが、相手をやり込めてはいけません。

「でも」と言わない

論破癖のある人に、それをしないためのコツを教えましょう。

それは、「逆説の接続詞を使わない」と決めること。

「でも」や「とはいえ」や「しかしながら」という言葉を使わないと、心の中で決めるのです。

相手が何を言っても「でも」と言わない。この先、「でも」は一度も使わないで生きていきましょう。

反対意見を言うときも、「ですよね」と言いながら話し続けます。「でも」を言わなくても、日常生活はできるのだということを、私は日々発見しています。

自分の話したことに対して、「こうであるとはいえ、こうだ」と言うことはあっても、人の言ったことに対して「でも」「とはいえ」「しかしながら」とは決して言いません。

教員生活も三十年近く経ちますが、学生に対してもおそらく一度も言っていません。

学生の意見を否定してしまうと、次から意見が出にくくなる。だから、とんでもない意見だった場合にも「それもあるね！」と言い続けた結果、一切否定をしなくなりました。

会社でリーダー的立場にいる人も、部下に対して逆説の接続詞は使わないと決めてはどうでしょうか。

「でも」「だって」「とはいえ、君ね」ではなく、「それもあるね」「よくそんなアイデア出てきたな」と言って盛り上げればいいのです。

逆説というのは、相手と戦う意思表明です。戦いの姿勢を見せないためにも「でも」や「だって」は使わないほうがいいのです。

そのかわり、少しずつ相手の攻撃をずらしていくことを意識しましょう。敵対するポジションには立たず、斜めにずらしていく。合気道的な向き合い方とも言えます。

交渉は、だましあい。謙虚になれば、相手は徐々に心を許してくる。

兵とは詭《き》道《どう》なり。（第一章 計篇3）

守りつつ攻める。交渉は心理戦

相手に読まれないようにする

日本人は、人をだますことをよしとしません。そのため、日本は相変わらず「スパイ天国」と言われています。

相手をだまさないので、自分もだまされるとは思っていない。スパイにとって非常に活動しやすい国らしいのです。

以前、私は『日本人の闘い方』（致知出版社）という本を出したのですが、『闘戦経《とうせんきょう》』という日本の古典は「人をだまさず正々堂々とやるのが日本の闘い方」だとしています。

ところが『孫子』は、よりリアルです。そもそも「戦争とはだますことだ」と謳っているのです。

一見ずるいようですが、戦いにはそういう側面があります。

自分はそれができるのに、相手にはできな

いように見せている。突然作戦を仕掛けると、相手が驚いて負けてしまうことはよくあります。それを卑怯だと言っていると戦えません。

卓球の試合では、選手は自分の得意なサーブを隠しています。何度も出すとバレてしまうし、相手が慣れてしまう。そこで、大事な局面でそのサーブを初めて出すのです。

そうすると相手は「うわっ！」となってポイントを失ってしまう。そのサーブをどこで見せるか、タイミングが重要です。そのとき「だまされた！」なんて言う選手はいません。それが戦いというもの。卑怯なことをしているわけではなく、相手に読まれないようにする。相手に手の内を読まれるようでは、ダメなのです。

「だます」という言葉は日本人にはしっくりこないので、「相手に読まれないようにする」と言い換えるといいと思います。

思いがけない質問をする

『孫子』は戦術というより、戦略的思考が書かれた本です。

会社組織で言えば、経営者の判断の中で実際に動く方法が戦術です。どちらに進むのか、何を優先するのかという大きな方針は経営者が決めること。その戦略的思考が、『孫子』の発想です。

手の内を読まれると、相手にやられ放題になってしまうので、上手に隠していかなくてはなりません。ライバル会社がいる場合などは、明らかにその必要があります。

社内には機密事項があり、まだ開発が進んでいないように見せかけながら、実はできているというようなことを、みんなやっているのです。

採用面接試験などでは、型通りの質問をするとたいていの人は答えを準備しています。そこで、不意に突発的な質問をすると、「ハッ」となって受験者は戸惑います。

私たち大学教員の採用試験では、留学担当の先生を採用する場合、留学先でトラブルが起こったシチュエーションを設定し、「あなたがその役をやってください」と面接官相手に小芝居をやってもらうことがあります。これなら英語の実力がすぐわかるし、焦って混乱する人、硬い対応をする人か、柔らかい対応ができる人かもわかります。

相手が読めていない部分を突いて、問いかけてみる。その瞬間の対応からいろいろなことが見えてくるのです。

思いがけない質問をする力。これは採用試験だけではなく、仕事においても、もちろん必要です。

「戦っても勝てない」と相手に思わせる

上兵《じょうへい》は謀《ぼう》を伐《う》つ。（第三章　謀攻篇10）

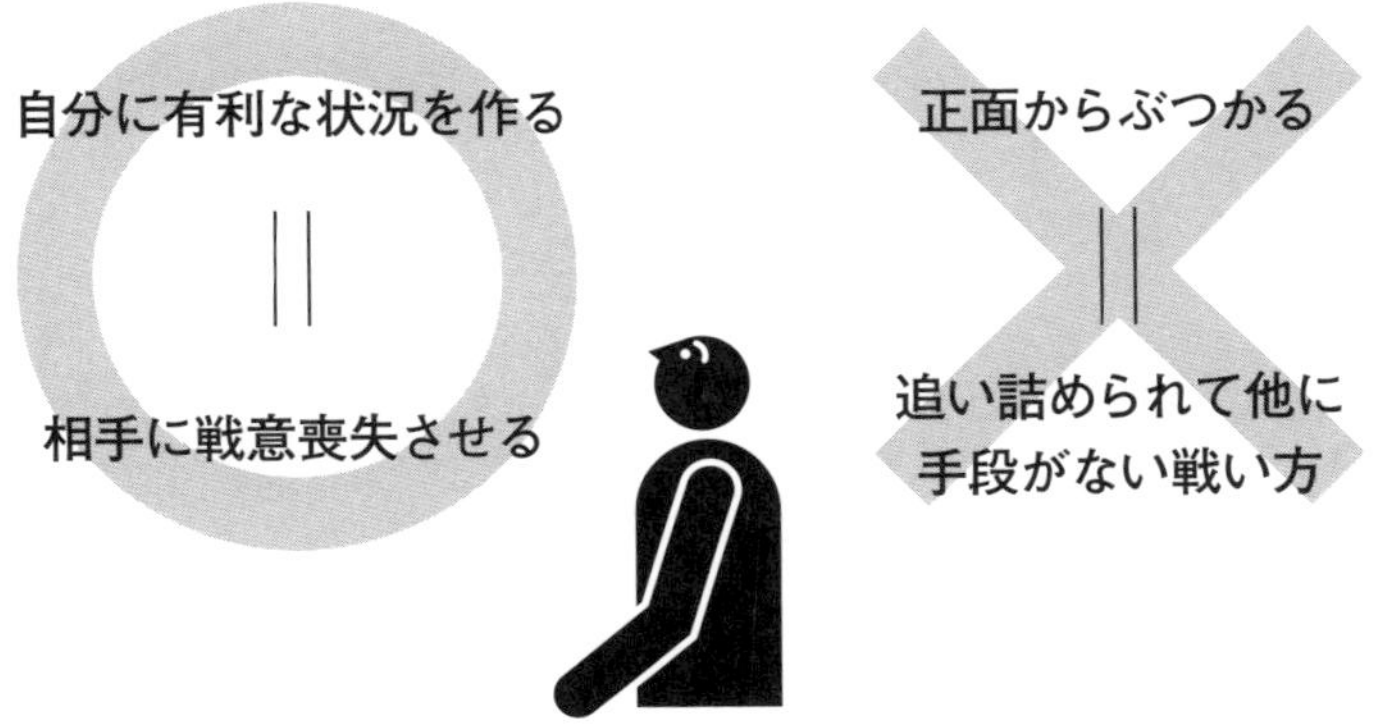

戦いとは無駄な労力を使わずに勝つこと

和解に持ち込む

「策謀」とは、「はかりごと」です。はかりごとのレベルですでに勝っている。これはリーダーが相手の考えを知っていれば、本当の戦いをしなくてもいいということです。正面からぶつかる必要はないのです。

たとえば、理不尽な要求を突きつけられた場合、最悪の事態は弁護士を立てて訴訟になるでしょう。訴訟に持ち込まれると、戦わなければならなくなる。顧客と戦う企業は、それだけでイメージが悪くなります。

戦いを避けるため、あらかじめ相手の意図を察知し、丸く収める方法があります。示談にするのです。

民事裁判の多くは、示談になります。当事者と裁判官と弁護士がテーブルにつき、問題を話し合いながら折り合いをつけていく。裁判というと右左に分かれて弁護士を立て、互いの意見を延々言い合ったあとに裁判官が判決を下す、というイメージがあります。

しかし、裁判を最後までやるケースはむしろ少ない。ほとんどが示談で和解しています。裁判を続けても民事の場合はお互いに利がないため、裁判官が和解をすすめて間に立つのです。

和解に持ち込むことも、「謀を伐つ」と言えるでしょう。

ストレスを伐つ

さらにうまく謀を伐つには、訴えられる前の時点で察知する力も重要です。

相手が行動を起こしそうなときに気づき、先回りしてちょっとしたつけ届けをする。そうすると、相手の気持ちがおさまることもあります。

私の知り合いは、いつも意地悪をしてくる人にプレゼントをしたら、急に態度が軟化してきつく当たられることがなくなったと言っていました。それを定期的に行うのが、お中元やお歳暮かもしれません。贈り物をもらっていると、どうしても相手に悪くはできないという気持ちになるからです。

相手の意図を先回りして察知するには、「今、ムッとしたかな」「嫌になったかな」「退屈してきたかな?」と、表情から敏感に気づかなくてはなりません。

うまくいかなくなるときは、必ず予兆があります。

たとえば、部下が退屈しているようなら話題を変える。行き詰まった雰囲気になれば場所を変えることも必要です。退屈していても、退屈を見せないのが社会人です。それでもふとしたときの表情で、退屈の加減やストレスの量がわかるときがあります。

自分の部下を細やかに見てみましょう。

「彼はストレスがたまっているな。仕事が重すぎるかな」と気づいたら「今日は残業なしで、定時で帰ろう」「みんな、ちょっと疲れてきたでしょ」と声をかけてみるのです。特に、水曜日あたりは職場の空気が重くなっています。そこで「水曜日はノー残業デーにしよう」と決めれば、チームみんなの疲れ方も変わってきます。

『孫子』を読んでいると、「戦う敵なんて現代にはいないじゃないか」と思うかもしれません。しかし、ものは考えようです。「敵はストレス」と設定してみる。

上兵なら、ストレスを伐つのです。ストレスがたまって爆発すると、病気になったり、精神を病んだり、ということすら起きかねません。これは、まさに現代の戦いです。

そうなる前に先回りして、手を打つ。部下の表情を読み「殺伐としてきたな」「雑談も減ったな」「しゃべらなくなったな」と、いくつかの指標を持っておくことです。

笑いが起きる職場は、よい職場です。大変なことになる前に、普段からガス抜きをして笑いが絶えない空気を作っておくとよいでしょう。

どうすると自分が負けるか、知っておく

用兵の害を知るを尽くさざる者は、則《すなわ》ち用兵の利を知るを尽くすこと能《あた》わざるなり。（第二章 作戦篇5）

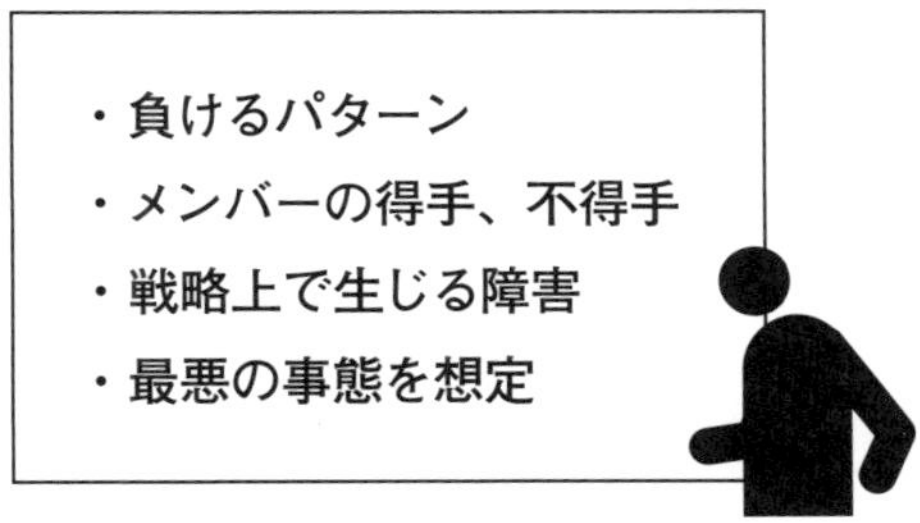
・負けるパターン
・メンバーの得手、不得手
・戦略上で生じる障害
・最悪の事態を想定

マイナスを把握することは交渉の第一歩

弱点を知る

「用兵の害」というのは、さまざまに言い換えることができます。

たとえば、自分の部署にいるメンバーの弱点。弱点を知らなければ、プラス面も知ったことにはなりません。

それぞれの苦手なことや得意なことを知ると、苦手な部分をあまり表に出さないようにできます。

たとえば、注意深さが足りない人がいれば、最終チェックにその人を配置するのは危険です。その人はアイデアが豊富なので、攻撃要員ということにします。

メンバーを「攻撃が得意な人」と「守りが得意な人」と大きく分けるだけでも、得意なポジションが決まってきます。企画を出して行動力を持って進めていくタイプには、細かいチェックが苦手な人が多い。ですから、守りが得意な人をディフェンス役として置くのです。

部下が、何が得意で何が苦手なのか、何がストロングポイントで何がウイークポイントなのか、リーダーは把握している必要があります。

とりわけ苦手な部分を把握していると、「この人に任せて失敗した」ということはなくなります。マイナス部分は露わにならなければいい。そのために大切なのは、メンバーの組み合わせを考え、プラスに転じる工夫をすることでしょう。

ここまではチームと個人の話ですが、仕事の戦略上で生じる損害を知っておくことも、成功のためには必要です。

たとえば新しい店舗を出店するとき、「何ヶ月先まではマイナスが出る。でも、それ以降はプラスに転じる」という計算ができていること。マイナスの計算をしないままスタートさせると、とめどなくマイナスが膨らむケースがあります。

最悪のラインはどこか

株には、損切りという考え方があります。ここまで損が出たら、プラスに回復しなくても切ってしまう。そういう基準を持っていると、少なくともそれ以上の損失は広がりません。

たとえば、貯金が五百万円あるとして、そのうち百万円を運用すると決める。それ以上は絶対超えないようにして運用すれば、最悪でも四百万円は手元に残ります。ところが五百万円すべてを使ったり、ＦＸ取引で手元にないお金を賭けてしまったりすると、一気に破産への道に進むのです。

最大のマイナスは、どのくらいの額なのか。損害の計算をすることは、「害を知るを尽くす」ことになります。

お金に限らず、「最悪の事態はこのライン」とわかっていると、決断がしやすくなります。「このくらいのマイナスなら大丈夫、やってみよう」と考えられると、怖がらずに進むことができるでしょう。

害を知る、マイナスを知る習慣をつけておくのは、安心して攻撃性を高めることにもつながります。

計算通りに勝ちを実現するには、条件とタイミングをよく見て動く

地を知り天を知らば、勝《かち》は乃《すなわ》ち全《まっと》うすべし。

（第十章　地形篇51）

「地」と「天」の両方持つ分野を一つでも持とう

地を知り天を知る

「地」や「天」という言葉は、かつてはよく使われていました。

ここで言う地とは、土地や地形がどうなっているか。天とは、天界の運行で気象条件のこと。日露戦争の映画「二百三高地」や「日本海大海戦」などを見ると、戦いにおいてこの二つがいかに重要かを感じます。

地は、基本的なファンダメンタルな条件。天は、流れゆくタイミングとも言えます。

変わらない固定的なものが地、流動的なものが天とすると、固定的なものと流動的なものの状況を両方見て、動いていく。そうすると、勝ちが実現できると書かれています。

固定された条件を鑑み、どうすればうまくいくかを計算し、「これくらいのリスクなら」「これくらいの投資で」「これでいこう」と考えるのが、地。どのタイミングで行ったらよいかを考えるのが、天でしょう。

仮想通貨のビットコインを例に挙げてみます。

リスクを考え、投資額を考えて対策を練っておく。そして、「今、儲かるな」というタイミングで購入していきます。ところが、先ほどまで急上昇していた価格が、あっという間に半額になっていることがある。

仮想通貨の世界では、天の動きは非常に激しいものです。

先に動いた人は大儲けしても、それを見てついていった人は大損することがある。ビットコインの構造をよく知る人、地の知識が多い人は負けにくいのです。

株の世界も同じです。株について知識が豊富で詳しい人は、天の運行を見ながらタイミングを見きわめます。景気というのは本当に天のようなもので、上がったり下がったりしてつかみにくい。それでもやはり、地の部分をよく知る人は大負けしません。

基本的な知識もなく、天の動きを読むセンスのない人にとって、ビットコインや株は足を踏み入れないほうがよい世界だと思います。

得意分野で勝つ

地の知識が豊富な領域では、天の動きも読みやすい。そうすると、勝ちやすく、成功しやすくなります。

しかし、得意な分野で成功したからといって、別の分野でも成功するとは限りません。基本的な条件と、景気のような流動的なものを両方捕まえていることが成功の条件だとすると、いくつもの領域での成功は現実的ではないのです。

「地を学ぶセンスと天を読むセンス、両方持っているなあ」という分野を一つでも見つけたら、勝負をしていくこと。それが、負けない秘訣だと思います。

私は、株が得意なある人から言われたことがあります。

「齋藤さんのような人は、株はやらないほうがいいですよ。なぜかというと、株の動きが気になって、気が散ってしまう。本業への集中力が削《そ》がれてしまいますから」

それを聞いて、なるほどと思いました。

私の仕事は、教育にしても、本作りにしても、精神のエネルギーの量が必要です。そのエネルギーを他で使ってしまうと、感覚が鈍ることにもなります。

そう考えると、多くを望んではいけない。

地を知り天を知っている得意領域を、一つでも持っておくこと。その分野での成功を目指せばいいのです。

「自分は何でもできる」と思って、起業したりお店を始めたりすると、収拾がつかなくなって結局は失敗してしまいます。地を味方につけていなければ、天の動きも読めません。

相手が心底
ほしがっているものは何？

善く敵を動かす者は、之《こ》れに形《かたち》すれば、
敵必ず之れに従い、之れに予《あた》うれば、
敵必ず之れを取る。（第五章 勢篇22）

相手に利益をもたらせば、必ず勝つことができる

オマケや付録で引き寄せる

「形する」というのは、はっきりした形を示しておくこと。そうすれば相手が形に従ってやってきます。

「予《あた》うる」というのは、利益を相手に与えること。そうすれば、相手はそれにおびき寄せられてきます。

相手を誘い込んだところで攻撃する、という考え方です。

穏やかではない言葉が並びましたが、現代社会の中で考えると、オマケに引き寄せられてお客さんがやってくるのは「予うる」と言えます。これはいろいろな企業がやっていること。

予約すればポイントが十倍つくとか、会員になればキャッシュバックとか、ハンバーガーショップでもおもちゃをオマケにつけることがよくあります。

私の家でも子どもが小さい頃、オマケほしさに一家でハンバーガーを食べ続けたことがありました。まさに「予うれば之れを取る」です。

昔、学研の『科学』や『学習』という雑誌の付録は、子どもにとってとても面白いものでした。今も、付録があるから何かを買うということはよくあります。お得感が強いと、人は引き寄せられるのです。

オマケをつけるなど、相手の気持ちを吸い寄せる方法を臨機応変に考えるのが、『孫子』的な戦略です。

『孫子』が生きる広告戦略

平日の昼下がりにテレビを見ていると、チャンネルによって延々テレビショッピングが放映されています。

何とはなしに見ていると「今すぐお電話くだされば、もう一個つけます」とか、「本日限定二百個で」などと、視聴者の心をくすぐる売り文句を連発しています。

「限定」と言われると、思わず焦って電話しようかなと思ってしまいますが、それを毎日やっているわけです。

「おびき寄せる」とか「操る」という言葉はすっきりしないかもしれませんが、このような戦略は、どんな会社もやっています。

テレビを見ながら「これが予うるということか」「これが形するってことか」と考えながら楽しむのも一興ではないでしょうか。

テレビＣＭの戦略にも似たところがあります。

短い時間の中で商品の魅力を伝えるわけですが、画面の端に「個人によって差があります」「これは個人の感想です」と小さく書いてあります。利息がすごい金融ローンでも、「ご利用は計画的に」といった文が最後に数秒流されています。

顧客を呼び込む「予うる」に力を入れ、マイナス面は見える人だけ見ればいい、というやり方です。私たちは、そういう世界に生きているのです。

だとすると、『孫子』の戦略的思考は、ライバル会社との競争だけではなく、普通の人をどうやって顧客にしていくか、という戦いにも当てはまります。

顧客を取り込む方法、顧客を逃さない方法、企業の甘い言葉に乗らない方法。『孫子』がどのように書かれているかを読めば、テレビを見る視点もまた変わってくるでしょう。

態度や言葉だけでは、相手の心の内はわからない

辞庳《じひく》くして備えの益《ま》す者は、進むなり。
辞強くして進駆《しんく》する者は、退くなり。
（第九章 行軍篇44）

本心を知るには、質問しつつ相手の立場に立って考える

ツンデレの本心

相手が下手に出てくる場合は、進撃しようとしているときだ。相手が強気な場合は、和平に持ち込みたいときだ。そのように書かれています。

一方的な言葉をそのまま信じて「相手が弱っている」と思って進んだら逆だったり、「相手は強気だからすごいだろう」と遠慮したら実はすっかり疲弊していたり。そういう読み間違いが起きるので、ちゃんと読み解きなさいという指示です。

ツンデレな人というのは、よく見ると「単にツンツンしているわけではないな」「この人はこういうやり方で人と接するのだな」とわかります。そう理解すれば、こちらも落ち着いて対処できると思うのです。

たとえば、小学生男子。「バーカ、バーカ」

と言いながら、人に近づいていきます。かまってほしくて、じゃれるように言い寄ってくる。それがわかるので、「バーカ」と言われてもかわいいものです。

高校生くらいになっても、教師に絡んでくる生徒がいます。嫌われているのかと思ったらむしろ逆で、かまってほしくてやっている。面倒な事件を起こしたり、授業中に携帯を見たりして態度が悪いのは、かまってほしいケースがあるのです。子育てにおいても子どもが悪さをするのは、親の注意を引きたいからというときがあります。

「もしかしたら逆のメッセージかもしれない」と思うと、相手の本心が少し見えてきます。

真意はどこにあるのか

相手が言いたいことを言わず、どうでもいいことを丁寧に話しているときは、何か別に言いたいことがある場合があります。そのあたりを上手に聞き出せるようになると「実は……」と思いがけない本音が聞けることもある。交渉のときにも、グッと相手に近づくことができる瞬間です。

常に相手の真意がどこにあるか、表面的なことにだまされず、見抜いていかなくてはなりません。

子どもは、本心が非常にわかりやすいのです。かまってほしくて、とにかくいろいろなことをする。好きな女の子のスカートをめくるようなことをやり続けます。それをすると嫌われるのに、それしか思いつかないのですね。

実は、大人になっても若干そういう部分は残っています。

たとえば大学では、授業が終わったあとに質問とも言えない質問をしてくる学生がいる。そういう学生は、ただ話がしたいのです。話すためには何か理由が必要なので、質問を持ってきます。その質問はどうでもいいような事柄ですが、話ができると相手は喜びます。

相手の真意がどこにあるかを知るために、心の中を見抜く練習をするといいでしょう。どうするかというと、相手に質問を投げかけるのです。まず、いくつかの質問を用意します。何度か続けて質問すると、だんだん本心が現れます。一、二回質問して、「もう一度聞くけどね」と同じことを三回聞く。そうすると、本音でしゃべり出すこともあります。

こういう経験はありませんか？

理髪店でシャンプーしてもらうとき「かゆいところはありますか？」と聞かれて「別に」と答えます。でも、「ここは？」「ここは？」と三回くらい聞かれると、「あ、そこです」と思わず言ってしまう。そういう感じで、聞き出すといいのです。

日本人の場合、最初に言ったことが本心とは限りません。何度も質問することで、空白の部分を埋めていけばいいでしょう。

成功体験に縛られると、本当にほしいものが手に入らない

兵を形《あらわ》すの極みは、无形《むけい》に至る。

（第六章　虚実篇28）

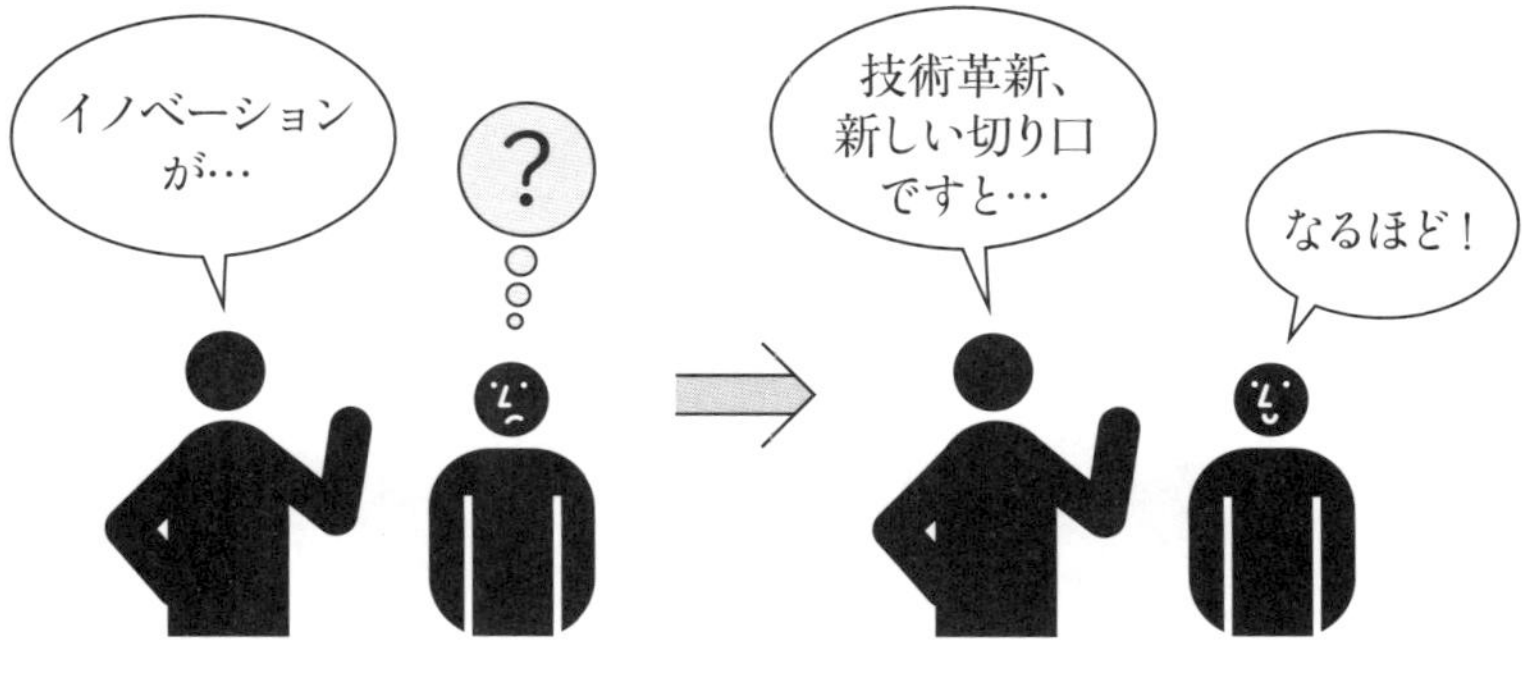
イノベーション
が…
?
技術革新、
新しい切り口
ですと…
なるほど！

臨機応変に策を変えよう

相手に合わせていく

私は講演会で、五十代以上の男性三百人に対して話すときと、五十代以上の女性三百人に話すときでは、話し方を変えています。

「相手を見て法を説け」と言いますが、顔を見てから内容と話し方を相手に合わせないと、場の効果が上がりません。

女性は最初の五分間くらいで笑ってくれますが、男性はなかなか笑わない。無理に笑いを取りにいこうとすると、滑ってしまう危険がある。だから同じテーマで講演をしても、客層によって内容や話し方を変えています。

落語の名人、古今亭志ん生さんの自伝『なめくじ艦隊』（ちくま文庫）を読むと、師匠はいつも話の枕で笑いのレベルを推し量り、次に話すことを考えています。これがまあ、いくつもの戦略があって非常に奥深い。

団体客なら団体客の、初心者なら初心者の、笑いの取り方がある。刑務所の慰問に行くと、刑務所固有の隠語などのジョークもあります。常に相手によってやり方を柔軟に変えているのです。

もちろん他の落語家も、枕を語りながらお客さんの様子を瞬時に判断するのは変わりません。以前、立川志の輔さんは枕でこんな話をしました。

「道ですれ違ったお姐《ねえ》さんに『ちょいと、粋だねえ』と言ったら『いや、あたしゃ帰りだよ』って」

笑った人は大勢いたのですが、笑わなかった人もいます。

すると志の輔さん、「これがわからない方、この先は難しいです」と言ってまた笑いを誘っていました。

惣躰自由（そうたいやわらか）

相手を見ず、自分のやり方を押し通す人は、自己中心的です。ここに書かれた「形を持たない」とは、状況に合わせて策を変えられること。

「今日のお客さんはどんな層?」「相手は誰?」と、人に合わせて策を変えていくことが、成功へとつながります。

交渉事のときも、こちらの言葉に外来語が多すぎた場合、反応をよく見ていれば気づきます。

「イノベーション」と言って相手がキョトンとしている場合には、自分がいつも使っている言葉で押し通すのではなく、「技術革新」とか「新しい切り口」などと言い換えなければいけません。

『孫子』は先に戦略ありきではなく、「相手を見て法を説く」柔軟性を重視しています。これは、宮本武蔵も同じように『五輪書』に綴っています。

武蔵は、相手に対して融通を利かせることを「惣躰自由」と書いて「そうたいやわらか」と読ませました。

剣術では、ただ相手を斬ればいいというわけではない。全身をやわらかにしておいて柔軟に対応することが必要だ、と。そのために重要なのは、「見」と「観」の両方の目を持つことでしょう。

物事をよく見る「見」と、大きな視点でとらえる「観」。細部ばかり見ていると「木を見て森を見ず」になってしまうので、特に「観」は大事です。全体を見渡しながら、やわらかく動くことです。

遠く見えても、回り道が実は一番の近道

迂《う》を以て直《ちょく》と為し、患《うれ》いを以て利と為す。

（第七章 軍争篇30）

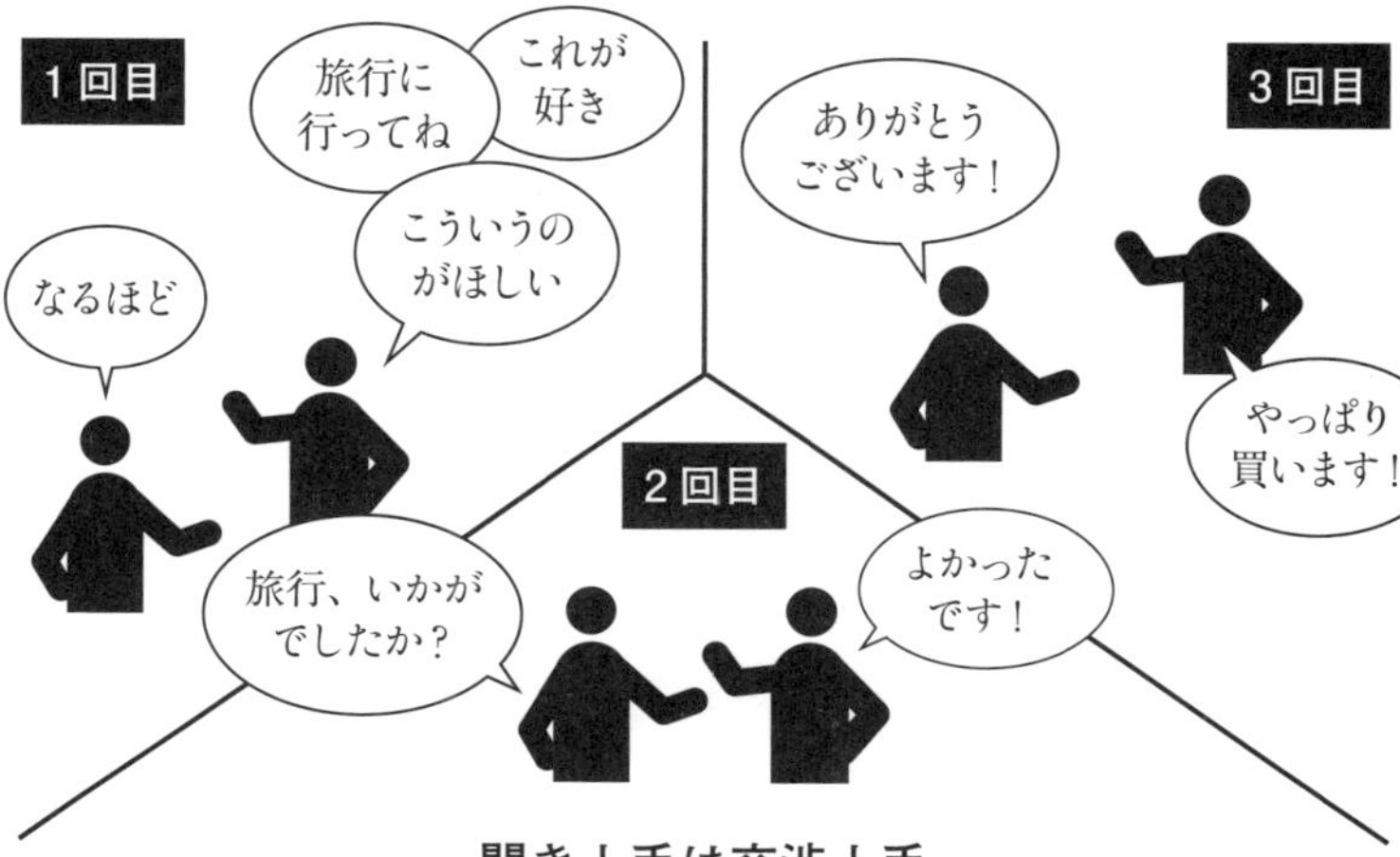

聞き上手は交渉上手

ゴールが何かを考える

迂回回路に見える道が、実は近道だったということがあります。

最近、インターネットの記事で知ったのですが、すごい額の高級車を年間何億円も売る人がいます。それぞれの道に達人がいるのですね。

その人の特徴は、絶対に売ろうとしない、売りつけようとしないことです。顧客一人ひとりについて、さまざまな情報を仕入れて持っている。商談のときには、相手の話をとにかく聞こうと耳を傾けます。

二回目に来店したときには、一回目のことを覚えているので、その続きから話が始まります。売ろう、売ろうとしなくても、相談に乗ったりリクエストなどを聞き、的確に答えていると、ついには相手が車を買うことになっているというのです。

何気ない話や雑談をしているようでも、その人と話しているとお客さんの考えはハッキリしてくる。そして「やっぱりこれにする」と自分で購入を決断していきます。

その人は「これがいいですよ」「この車はこれが特徴です」などと、自分からは積極的に説明しません。

一見、無駄な話をしているようだし、親しんで仲よくなっていくプロセスは回り道のように見えますが、結局たくさん売っている。また、この方法は確実にリピーターを増やしていきます。

災いを利に変える

憂いは、ピンチや災いとも言えます。

たとえば誰かが病気で休むことになり、代わりを立てることになりました。

「あ〜、こんなときにあの人がいないなんて」と嘆きたくなりますが、たいていは何とかなるものです。

私にも、こんな経験があります。

マッサージ店で「この人がうまい」と思って指名し続けた人がいました。あるとき予約をしようとしたら、すでに指名が入っていてその時間帯は無理だと言う。「じゃあ、他の人でもいいです。上手な人をお願いしますね」と頼んだら、その方のほうが上手でした。また、いつものお寿司屋さんが休みで、「別の店に行ってみよう」と変更したら、「こっちのほうがおいしかったね」となったこともあります。

予定通りにいかないことが、利に変わることもあるのです。

鉄鋼王であるアンドリュー・カーネギーの自伝には、代理を務めて出世していった話が書かれています。最初は通信技師の仕事を見て学び、いつでもできるようにして、その人が休みのときに代理をした。そういうことを繰り返して出世していきました。

これは、代理力や代役力というものでしょう。

仕事でも、役者さんでも、誰かが突然休むと周囲はパニックになります。そのとき「私、実はセリフを覚えています」という人がいれば、サッと交代することができる。

その力は、災いと思えるような突発的事件をプラスに変えていくのです。

不利な交渉は先延ばしにしよう

正正《せいせい》の旗を要《むか》うること毋《な》く、堂堂《どうどう》の陳《じん》を撃つこと毋し。（第七章 軍争篇33）

相手に分がある交渉のとき

- 少し時間を置く
- 相手の話（言い分）を聞く
- 結論を急がない

流れがくるまで我慢。それも勝つためには必要

相手が万全のときは戦わない

相手の力が万全で、態勢が整っているときには、無理に戦うことはありません。

交渉事で言うと、相手の交渉材料が万全で、こちら側は少し不利なとき、とりあえず先延ばしにするのも一つの手です。

少し時間を置いてみると状況が変化して、相手の状況がちょっと不利になったり、こちらの風向きがよくなったりする。あえて無理をしなくていいのです。

錦織圭選手のテニスの試合を見ていると、対戦相手も非常に強いので、ものすごいサーブを打ってくることがあります。彼は、触ることもできないようなサーブは気にしないようにしていると言います。

気にするとキリがないし、次のポイントにも差し障る。そこで「ハイッ、なかったことに」と気持ちを切り替えて次にいくのです。むしろ「ナイスショット」という気持ちになり、悔しいとすら思わない。そこではもう戦わないということでしょう。

しかし、相手もよい状態が続くとは限りません。勝負の流れが変わるのが、スポーツの面白いところ。第一セットは相手の調子がよく〇―六で取られても、次のセットになったら取り返しているというケースはよくあります。中途半端になるくらいなら、第二セットへと切り替えて、態勢を整えているのです。

交渉の場でも、相手のクレームがあまりに真っ当な場合は、あえて戦わないようにして、とりあえず言いたいことをすべて吐き出してもらいましょう。一度すっきりガス抜きをしてもらい、相手の状況や気持ちの上がり下がりを見ながら動けばいいのです。

こちらの形勢が悪くても、いつまでも同じ調子ということはありません。必ず自分のほうに流れがくるときがあります。それを捕まえて流れに乗っていくのです。

スランプの抜け出し方

会社員でも自営業の人でも、スランプだと思うときはあまり考えすぎず時期を待つ。それくらいゆるやかな気持ちでいたほうが、負のスパイラルに入らずに済みます。焦って動きすぎると、今までどうやってうまくいっていたのかさえ思い出せなくなり、余計にスランプから抜け出せなくなることもあるのです。

『孫子』は、相手との戦いではなく、自分自身との戦いという読み方もできます。

「最近、調子が悪いなあ」と思ったら、ちょっと一息入れて休むこと。一泊温泉旅行にでも出かけ、気分転換してリラックスするといいでしょう。

小旅行はスランプのときのために取っておくものです。調子がよいときは、実は旅行に行く必要はありません。調子が悪いときほど出かけてみるのです。

私自身、あるときどうしようもない状況に追い込まれ、五十歳を過ぎて初めてハワイに行きました。すると、帰ってきたら「そんな問題もあったなあ」という気持ちになれたのです。五十年間、ハワイを取っておいてよかったなあと思いました。

また、相手が強すぎる場合には、白旗を上げるのも一つの手です。

「私にはちょっと荷が重いです」「誰かもう一人、手伝いをつけてください」と上司に言ってみるといい。わりと簡単に解決します。

部下の素直さは、上司にとってはありがたいものです。プレッシャーにつぶされ、会社を辞めてしまう人もいるので、無理して戦わず早めに対処しましょう。

コラム 3

『孫子』が書かれた時代

小国家が乱立した動乱の戦国時代

『孫子』が書かれたころの中国は、春秋戦国時代（紀元前七七〇～前二二一年）と呼ばれ、小国家が乱立して戦争が繰り返されていました。『孫子』の作者である孫武は、そのような国家の一つ「呉」の国王闔閭《こうりょ》に仕えた武将で軍事思想家。もともとは斉《せい》の国の王に連なる田氏の一族で、若いころから兵書に親しみ、古代の用兵策略を研究していた人でした。

一族の内紛があった紀元前五一七年ごろ、斉から呉へと亡命。当時の呉の宰相であった伍子胥《ごししょ》に兵法家としての優れた才能を認められ、呉の都である姑蘇《こそ》の郊外で『孫子』を記します。

当時の戦争は、兵士個人の力が重要だと思われていました。『孫子』のような戦略思想や戦術はなく、勝ち負けは偶然や運によるところも大きかったのです。

しかし、戦争が長引くようになり兵士の数も増えてくると、組織を動かすためのしっかりとした戦い方や考え方が必要になってきました。『孫子』は、こうした時代背景のもとに生まれたのです。

孫武の名声は早くに知れわたり、後の秦や漢の時代に記された『荀子《じゅんし》』や『韓非子《かんぴし》』などの書物にも名前や文章が引用され、当時の武人の必読書となりました。

二五〇〇年たった今なおその有効性が失われていないのは、みなさんもご存じの通りです。

第四章　困難にぶつかったときの対処法

勝ちを信じて、相手の懐に飛び込む

勢《せい》とは、利に因《よ》りて権を制するなり。

（第一章 計篇2）

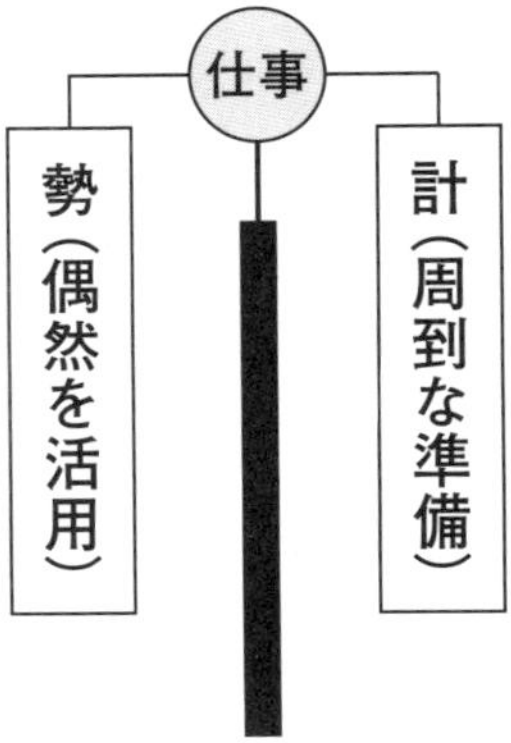

柔軟な対応が「勢」を作る

「計」と「勢」

この言葉に先だって「将《も》し吾が計を聴かば、之れを用いて必ず勝つ」と書かれています。「計」とは、あらかじめ計画を立てること。「勢」とは、偶然を味方につけること。まずは周到な準備をし、そこに偶然を活用すると万全ということです。

計と勢という二つの考え方を持っていると、前述した「準備、融通、フィードバック」を回しながら仕事ができるようになります。

計は準備で、勢は融通、そこで得たことを次にフィードバックすることができるからです。

ある地方で行われた講演会で、突然照明が故障したことがありました。マイクは生きていたので私の声は聞こえるのですが、会場全体が真っ暗です。

「せっかくですから、真っ暗な中でできるゲームをやりましょう」

私は暗闇を利用して、会場のみなさんと声だけでできることを考えました。

「誰かが『1』と言ったら、別の人が『2』と言います。この声が別の誰かとかぶってしまったらもう一度『1』に戻りますよ。とりあえず『10』までやってみましょう」

真っ暗な中で、お客さんの声が飛び交います。誰かが「3」と言ったとき、二人の声が重なって会場中から「あ～～～」というため息が聞こえました。

「じゃあ、もう一度いきましょう」

それだけのゲームですが、真っ暗なので面白い。起きた状況を利用してハプニングも楽しむのです。

一見マイナスに見える要素をプラスに転じることができると、「勢」が出てきます。計画的に必然を積み上げることは必要ですが、いざ本番になったら偶然的な要素をことごとく味方につけていく。それができると柔軟になり、勢いが出てくるのです。

アドリブを効かせる

バラエティー番組での台本と、実際の収録との関係も、計と勢と言えます。

私は、日本テレビ系の「世界一受けたい授業」という番組にときどき出演するのですが、この番組は事前に綿密な打ち合わせをします。台本がよいものに仕上がっているので、台本通りに話せば番組のできもよくなります。それはそれでよいのですが、台本ができすぎているので破綻があまりない。そうなると、勢が出にくいという面があります。

番組の打ち合わせのとき私は「ある程度の遊びを入れてもいいでしょうか？」と聞いてみました。スタッフに「もちろん、いいですよ」と言われたので、少し遊びを加えてみました。漫画がテーマで、『ＳＬＡＭ ＤＵＮＫ』（井上雄彦、集英社）の主人公、桜木花道の「天才ですから」というセリフが取り上げられていました。

すると堺正章校長が「実際に自分のことを『天才ですから』って言う人がいたら変ですよねえ」と言いました。これ自体、台本にないセリフです。「そうですね」と答えてもよかったのですが、「僕の周りに一人いますけれどね」と、私が引き受けたのです。

「え、そんな人いるんですか？」と堺さんに言われたので「有田（哲平）君がね、そういうことをよく言っていますよ」と有田さんに振ってみました。すると、有田さんはそれを受けて、笑いを大きくしてくれました。

実際に有田さんが「天才ですから」と呟いていたわけではありません。すべてがアドリブですが、よい意味で緊張感も出るし、爆発的な笑いも起きやすい。有田さんくらいになると、どんな球を投げても何とかしてくれるという信頼感があるからできることです。

マニュアル通りにいかないときに、サッと機転を利かせる能力はとても大事です。柔軟に融通を利かせて、どんな仕事にも勢いをつけていきましょう。

小さなことに気をとられすぎると、大きな判断まで誤ってしまう

兵とは国の大事なり。死生の地、存亡の道は、察せざるべからざるなり。（第一章 計篇1）

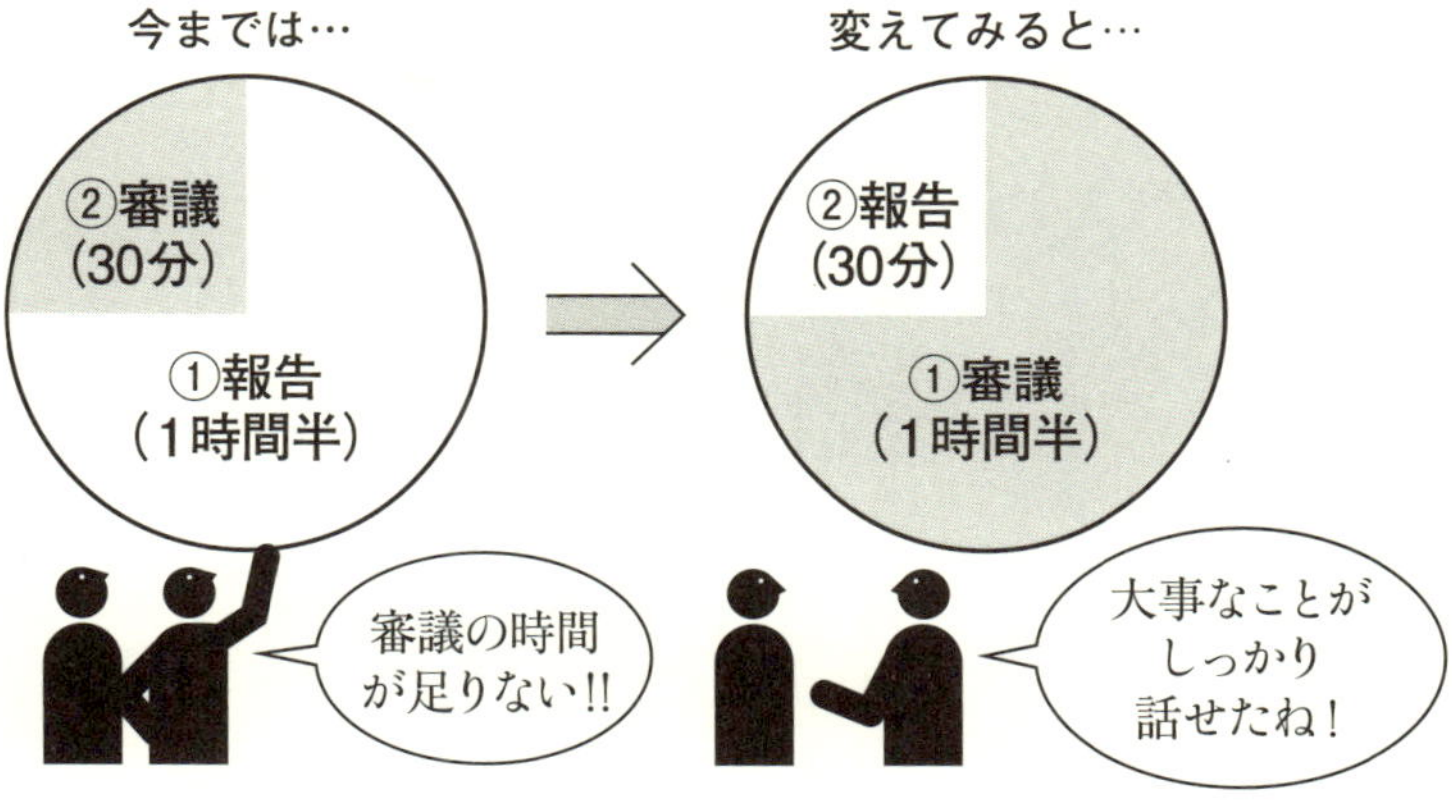
今までは…
②審議
(30分)
①報告
(1時間半)
審議の時間が足りない!!
変えてみると…
②報告
(30分)
①審議
(1時間半)
大事なことがしっかり話せたね!

問題の軽重を明らかにすると、判断がしやすくなる

問題のエネルギー配分

人生には、大事な判断をしなければならないときがあります。あるいは仕事において、これは一大事だというときもあるでしょう。

そういうときは、問題のスケール感を見誤らないようにし、慎重に考えて決断を下さなければなりません。大きな問題については、徹底的に考え抜くことが必要です。小さいことにこだわりすぎると、本当に大事なことが流れていってしまいます。

そこで、問題の軽重をまず分けてみましょう。

この問題は重いのか、軽いのか。軽いものについてはどちらの判断をしてもいい。でもこれは慎重に考えたほうがいい、これは中くらい、と区分けするのです。

「大・中・小」でもいいし「重・中・軽」で

もいい。問題にかけるエネルギー配分を三段階くらいに分けていく。仕事の場合、重い問題については会議で時間をかけて考えましょう、と進めていきます。

私の参加する会議では、報告事項が先に、審議事項が後ろにあって、二時間の会議中一時間半以上を報告事項が占めたときがありました。報告は、何となく盛り上がる。すると、決めなければならない問題にかける時間がなくなってしまうのです。

そこで私は、「審議事項を先にしましょう」と提案しました。その結果、大事なことがしっかり話し合われ、報告事項については「書類をご覧になってください」で終わるようになりました。

他の会議でも、問題の三段階分けを進めました。書類も重要なものだけを全員に配るようにし、それ以外は回覧資料にしました。各自に配られる書類はかなり減りましたが、誰も困りません。考えてみると、書類を隅々まで見る人は少ないのです。必要なものは回覧資料もしくは、メールで済ませます。

何でもかんでも全員分印刷すると、問題の重さが見えなくなります。何が大事なのかを見きわめ、大事なことについては時間をかけて徹底的に話し合うことです。

歴史の失敗と成功から学ぶ

国会の場でも、重要な問題については十分な審議を尽くしたか尽くさなかったかが、常に問題になっています。どんな問題でも、事の軽重によって尽くすべきエネルギーは違い、その結果出てきた最終的な判断が、社運や命運を大きく左右するのです。

こうして考えていくと、私は東芝の一連の不祥事のことが頭をよぎります。

東芝といえば、私が子どものころは優良企業ナンバーワンでした。それがこのような事態になったのは、どこに問題があったのだろうか、と。判断ミスや粉飾決済など、われわれは東芝の問題を教材として学ぶべきだと思います。それほど日本を揺るがす事件です。最も学ぶべきなのは、大きな判断を誤るなということでしょう。判断を間違うと、とめどなく損失が膨れ上がります。

逆に、歴史上には大きな判断を間違わなかったケースも多くあります。NHK—BSの「英雄たちの選択」は、歴史の大事な局面で英雄たちが何を選んだか、という番組です。たとえば、日米安全保障条約を改定するときの岸信介の判断も勉強になります。『岸信介証言録』（中公文庫）には、最後は一人で決断しなければならなかったと書かれています。しかも国会前ではものすごい反対運動が起きている。そこで彼は決断をしたのです。五十年以上経った今、その判断は正しかったと思いますが、当時の判断は容易ではなかったでしょう。

歴史には、成功もあれば失敗もある。歴史番組は、日々の決断を考えるときに学べることが多くあります。

過大評価も過小評価もせず、正確に自分の能力を見きわめよう

小敵の堅《けん》なるは、大敵の擒《とりこ》なり。

（第三章　謀攻篇11）

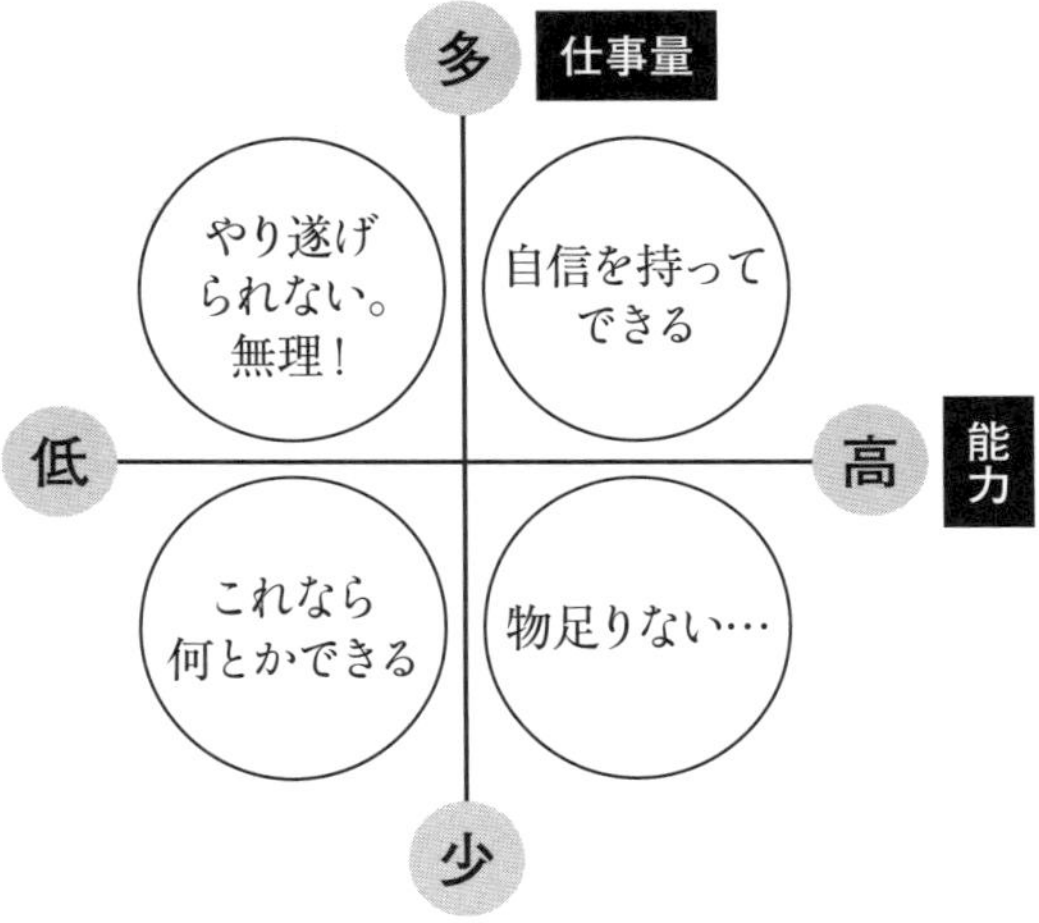

自分の仕事力を冷静に見きわめる

見積もり力

肝心なのは、相手との兵力差を見きわめること。当たり前のことですが、こちらに兵力がないのに頑固に戦いを続けてしまうと損失が大きくなります。

日米開戦したあとも、日本とアメリカの兵力差は非常に大きかった。それなのにしつこく戦争をし続けてしまった結果、日本は酷い結末を迎えました。

やはり、『孫子』の言葉は真理だなあと思わされます。

では、大国には絶対に逆らえないのでしょうか？　優れた外交力を持つ国は、大国に対してもう一つの大国を味方につけるなど、独自の戦い方があります。

私たちが大きなものを相手にする場合にも、やってはいけないことがあります。

たとえば、お金も人も時間もないのに大プロジェクトを立ち上げること。これは、仕事そのものが崩壊してしまいます。大きなプロジェクトは一見カッコいいのですが、『孫子』的に言うとそういうカッコよさは一切必要ない。「ダメかと思ってやったけれど、やっぱりダメだった。でも、チャレンジしたことに意味があるよね」という考えは無駄です。

仕事に必要なのは「見積もり力」です。その仕事が一ヶ月でできると言ったのに、半年もかかってしまったら、それは全く仕事にならず、みんなの予定まで狂ってきます。

最初から「半年かかります」と言っていたとすれば、相手から「それでもお願いします」と言われる場合もあれば「今回は見合わせます」と言われることもあるでしょう。それでもOKかどうかは、相手が決めるのです。

自分にとって、あまりにも難しい仕事を平気で引き受けたり、予定と見積もりが全然違ったり、見積もりが出せなかったりする。そうなると、「あの人のところで仕事が止まった」と厳しい目が向けられることになります。

これは、見積もり力の問題です。あらかじめ自分の能力を見きわめられていれば、このようなことは起きません。

力に見合う仕事をする

兵力の差というのは、深刻なときがあります。

長期戦になったときには、補給船で戦地にどれだけ物資を送れるかということが最大の問題です。太平洋戦争で、日本は補給の経路を断たれてしまったので、南の島の戦いでは餓死する兵士たちが続出してしまいました。

力の差があっても精神力でカバーするという考え方がありますが、これも危険です。当時の日本兵を見ても、精神力で乗り越えるのは現実的ではありません。

仕事が窮地に陥りそうなときも、見積もりを立てて考えてみることです。

見積もりを算出するときには金額が第一になりがちですが、「どのくらいの期間で、できるのか」という時間の要素を優先に考えるといいと思います。

この仕事は、何人で何ヶ月あれば終わるのか。

私は昔、中学受験をするのに電話帳のように分厚い問題集を買ったことがありました。すると、その厚みにうんざりして全く進まなくなったのです。その後、薄い問題集に取り組んだら、進むようになった。どんどん片づいて、「勝てる！」という気分が増しました。

あらゆる敵に対して、仕事量と自分の力とを推し量り、遂行できるかどうかを見きわめていくこと。

「これなら二週間で終わらせられる」と見積もれば一気にできあがるので、気力も続くと想像ができます。

自分の力に見合った仕事をすることが、大事なのです。

日々の地道な努力は「勢いのエネルギー」に変えられる

善《よ》く戦う者は、其《そ》の勢は険《けん》にして、其の節は短《たん》なり。勢は弩《ど》を彍《ひ》くが如《ごと》く、節は機を発するが如し。（第五章　勢篇20）

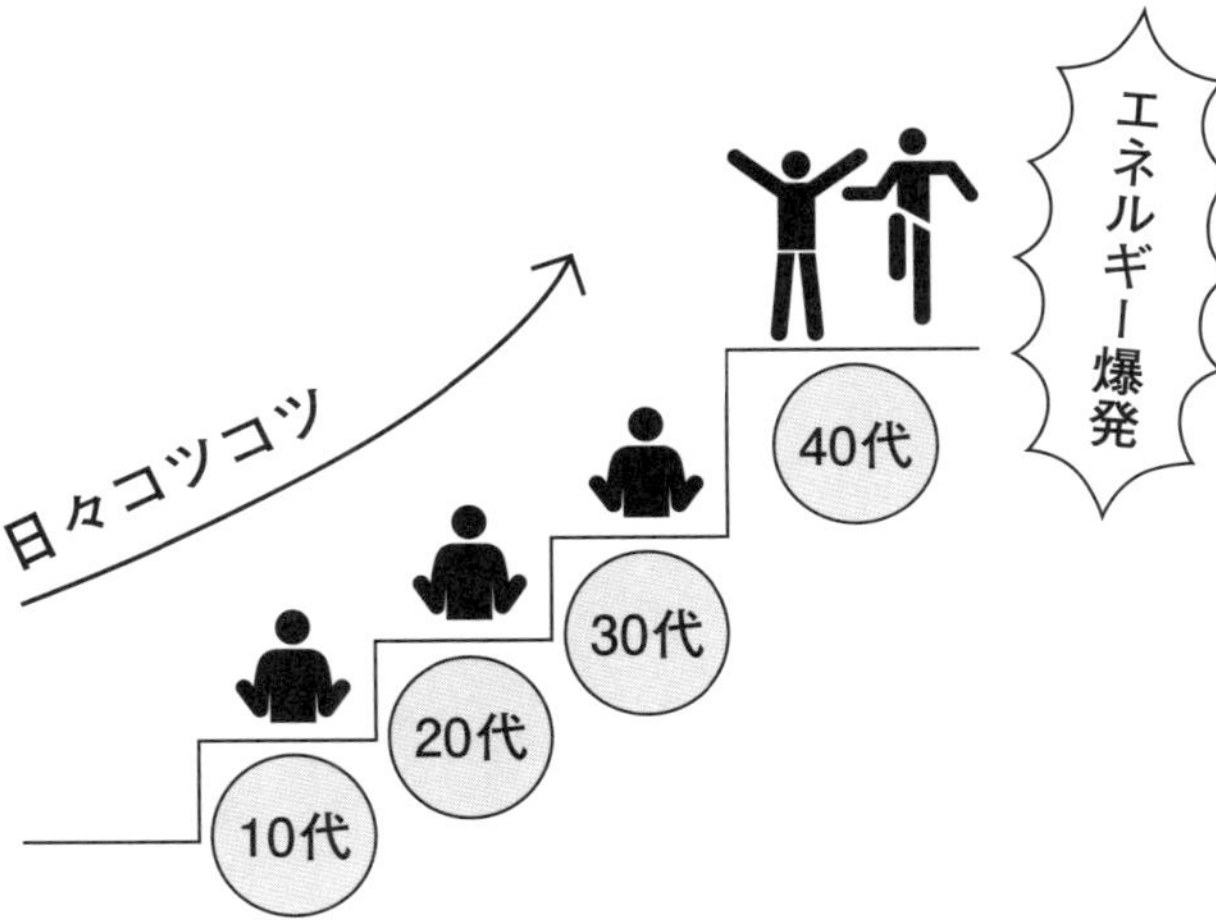

「努力」と「燻る力」をエネルギーに変える

燻る力

「弩」というのは、弓を取りつける中国の兵器です。これをいっぱいに引き絞り、勢いよく発射する。そのとき力は強大になります。

日本の弓は非常に不安定ですが、中国の戦闘の歴史では弩のように安定した兵器がありました。アーチェリーも、もともとは西洋のものではなく、中国古来のものだったのです。

ここで言う弩は比喩ですが、溜めていたエネルギーは一気に爆発させるのがよいと書かれています。

これは、人生のタイムスパンで考えるとわかりやすいと思います。

十代、二十代、三十代で溜めていた力が、四十代でパーンと出る。そのとき過去の蓄積すべてが無駄ではなかったのだと理解できます。

私自身、『声に出して読みたい日本語』（草思社）がベストセラーになったのは、四十歳を過ぎてからでした。研究者になってからの蓄積期間は、約十五年。

二十代のころにはすでに、本を書く能力は全部備わっていた気がします。でも、私はずっとノーチャンスでした。ようやく十五年で出版できるようになったのです。

その間、ずっと燻《くすぶ》っていました。燻る力とでも言いましょうか、エネルギーが石油化してドロドロになっていた。弓の弦をいっぱいに張り、それを一気に解き放ったのが四十歳のころでした。

誰にでも、そういう時期はあると思います。

たとえば、ずっと英語の勉強を続けていた人が、何かのきっかけで一気に開花する。結果が出るのは一瞬ですが、それは努力の蓄積あってこそです。

歌手にも「苦節何年」という人がたくさんいます。世の中に出るまでには、数々のアルバイトをして食いつないできた。「こんなことまでやっていたの？」と思うこともあります。でも、火がつくと、売れるときは一瞬で売れる。

売れる人は、その前に蓄積された大きなエネルギーを、チャンスが来たら一気に出しています。弩を引き絞り、粘りながら待っているのです。

チャンスを逃すな

チャンスが来たときには、機をとらえなければなりません。タイミングを逃さず、持っていた今までのエネルギーを全部放つ。

「あ、ついにこの仕事が来た」という瞬間もあります。ずっとやりたかったけれど、チャンスがなかった。でも、今自分の目の前にチャンスが来ている。そのタイミングで、力を爆発させるのです。

爆発させるためには、やはりエネルギーを蓄えておくことが大事で、蓄えがあればチャンスを逃さないということでしょう。

アナウンサーになりたかったけれど叶わず、普通の社員としてテレビ局に入り、社内で抜擢されてアナウンサーになった人がいました。一度目はチャンスが巡ってこなくても、エネルギーを溜めていると、どこかで抜擢されることがあるのです。

私の知人にも、営業職で出版社に入ったのに、社内で「本を作ってみる?」という流れになり、編集者になった人がいます。紆余曲折を経て、何かに至るケースもある。

さまざまな力を蓄えながら、チャンスをとらえてほしいと思います。

無神経な人に振り回されるな！

善く戦う者は、人を致《いた》すも人に致されず。
（第六章　虚実篇24）

自分を見失わない５つのポイント

① “自分はどうしたいか” を考える

② 先回り（予測）して動く

③ 身の丈を知る（背伸びをしない）

④ 人の目を気にしない

⑤ マイペースを貫く

一番大切なのは、自分自身！

相手の行動を予測する

この言葉で思い浮かぶのは、ボールゲームです。上手なチームはボールを適度に回すことで相手を走らせ、振り回して疲れさせます。

でも、自分がコントロールしている場は疲れません。疲労を少なくするためには、人に「致されている」状態はダメで、「人に致している」状態がいいのです。

これは周囲の人間を疲れさせろという意味ではなく、自分のペースをつかむ話です。

車に酔いやすい人も自分が運転席に座ってハンドルを握ると、あまり酔いません。私自身、車に乗ると気持ちが悪くなっていましたが、自分で運転するとどんな山道でも酔わないのです。運転中は自分でカーブを予測し、体の向きや視線などいろいろなものを微調整しているからでしょう。

仕事でも周りに振り回されないためには、コツがあります。上司からの指令や顧客のリクエストなどがある場合、それを予測するのです。

お客さんが「注文してきた」「また、追加で言ってきた」と、そのたびに振り回されていたら疲れますが、「この人は、今これを注文してきたから、次はこう来るだろう。最後はこれを注文するだろう」と予測していればいいのです。そうすれば、一つひとつに振り回されることはなくなります。

課長の嫌味も部長の自慢話も、一日に一つくらいはあると思って予測をしていれば、疲れはかなり減るはずです。

「きっと、またこの話が出てくるぞ」「はい、出ました！」という話の聞き方ができると、自分は受け身の側なのに、意外と相手をコントロールしている気さえしてきます。

典型的なものは、芸人さんの定番のギャグです。定番ギャグとは、すでにわかっているいつものネタです。くどい、しつこいと思っているのに、「どこで出てくるかな？」と予測をしていると、お約束のギャグにやっぱり笑ってしまいます。

上司の定番話もそれと同じに位置づけると、振り回され感が減ってきます。「来た来た来た！」という気持ちに変わるのです。

予測力を鍛える

次に何が来るかを予測していると、体の構えもちゃんとできるので、少々のことではびくつきません。予測は訓練でできるようになっていきます。

私はよく学生に「これから先、私が何を言おうとするでしょうか？」という質問を出します。そのため学生たちは、常に予測しながら私の話を聞くことが習慣になっています。「こんな質問がきそう」と思って当たれば嬉しいし、それが無理難題だとしてもあまりショックはありません。いきなり来たと思うから、ショックが大きいし振り回される気持ちになるのです。

あえて自分を追い込むと、思ってもみない力が発揮できる

之《こ》れを亡地《ぼうち》に投じて、然る後に存《ながら》え、
之れを死地《しち》に陥《おとしい》れて、然る後に生く。

（第十一章 九地篇59）

必死に頑張る

高校の教員になっている私の教え子が、卓球部の顧問になりました。卓球の経験がないので上手な指導はできないはずですが、なぜか全国大会まで行くことになったそうです。自分に技はなくても、チームを強くすることはできる。その理由を聞いたら、「必死に頑張れ！」というのがキーワードでした。

何かすごい秘策があるのかと思ったら、そうではなかったのです。

「この卓球台は誰に買ってもらったんだ？」「ＯＢです」「だったらそのＯＢのために必死に頑張れ！」。それしか指導できないからそうしたと言うのです。

次に、ボート部の顧問になりました。やっぱりボートの経験もありません。そこでまた、同じことが行われました。

「ボートは誰のお金で買ったんだ？」「ＯＢです」「ＯＢのおかげでお前たちはボートに乗っているんだぞ。必死に頑張れ！」と。

それで、ちゃんと強くなっていくのです。

「必死に頑張れ」という言葉でモチベーションを高めていくのですが、高校生はある意味単純なので、こういう言葉で本気が出てくる。その単純さが素晴らしいと思います。

本気を出さなければ勝てないのは、受験勉強も同じでしょう。どんなに頭がよくても、本気で取り組まない教科は成績が上がりません。受験は、必死になって勉強に取り組めたかどうか。その意思があるかないかで、勝負が決まります。
「必死に頑張れ」と追い込まれて初めて、とてつもない力が発揮できることもあるのです。

試練が必要

新入社員のときに「それは無茶でしょう！」という課題を割り当てられ、必死に取り組んだおかげで、才能が開花することがあります。

ただし、メンタルを病んでしまうようなことがあったら、それはパワハラです。でも、そうではないぎりぎりのラインで「どうやって乗り越えたらいいだろう」と窮地に追い詰めるような厳しい課題を出していく。

すると、「あのとき試練を乗り越えたから、大丈夫です」と言えるようになります。死地の設定は重要で、死地とは使いようなのです。

先日私の大学の四年生が、一年生のときの授業を思い返して発表してくれました。するとと「あのとき、先生の授業の課題でいつもおなかが痛かった」「夢にさえ課題が出てきたほどです」と言う人がいました。

「えっ、そこまで追い込まれていたの？」と驚きましたが、続きはこうでした。

「あの課題をやったおかげで、どんな授業やどんな課題に出合っても、驚かなくなりました」と。厳しい場所に追い込まれると、そこで力が生まれるのです。

「無理」は、大きな自信と成長を与えてくれる

私の一年生の授業では「新書を週に一冊読んでください」と課題を出します。慣れてきたら三冊、五冊と増やしていきます。「古本屋で買うと一冊百円、五冊でも五百円だよ」と言って読んでもらうのです。最初は一冊の読書さえ嫌そうな顔をしていた学生が、だんだん「そんなものか」と対応していきます。

週に五冊もこなした経験があると、あとは楽になる。ハードなトレーニングでは、潜在的エネルギーを発揮しないと生き延びられません。乗り越えるために、みんな必死です。

そして、「然る後に生く」。

大変な時期に大変な思いをして開花した才能は、平常時の自分を助けてくれます。

「怒り」は誰にでもコントロールできる

主は怒りを以て軍を興《お》こすべからず、
将は慍《いきどお》りを以て戦うべからず。

（第十三章　火攻篇70）

「怒り」と「憤り」を手放して、「上機嫌」で仕事しよう

怒った時点でアウト

感情の高まりは、モチベーションを高める意味では悪くありません。

しかし、怒りをぶちまけたり憤りから発したりした感情は、勢いに任せて動いてしまうと利を失います。収まらない怒りがあれば、まずは落ち着かなければなりません。

現代社会で言うと、パワハラ。かつて、パワハラという言葉がなかった時代には、暴言をまき散らしていた先生や父親や上司がたくさんいました。

「お前たちは無能だ」「本当にお前は仕事ができない」「お前はグズだ」。こういうことを言う上司は、この十年ほどで一気に絶滅に向かおうとしています。社会的にも非常に大きな変化が起きているのです。

「お前ら、何やってるんだ。それで給料もらっていいと思ってるのか！」

以前なら上司が怒りをバーンと表し、怒鳴られた社員も含め部下が一所懸命になって目標達成するという図式がありましたが、今はアウト。

どんな成果を出そうとも、怒鳴ったというただ一点でアウトです。結果を出せるどうかにかかわらずアウトというのが、パワハラのポイントです。手段は正当化されないのです。

怒りを鎮める呼吸法

現代社会では、怒りや憤りはコントロールする必要があります。そして、怒りのコントロール技術は、東洋思想のほうが進んでいます。

数千年続くヨガは、怒りの感情を収めるようにできています。ブッダは、二五〇〇年前にその技法を体得しています。仏画の中で彼が木の下にゆったり座っているのは、ヨガの呼吸法で怒りや欲を鎮めているのです。

たとえば子どもたちが「ムカつく！」と言っていたら、とりあえず座らせてこの呼吸法を試してみましょう。

「息吸って、ゆっくりフーッと吐いて、吐いて、吐いて」「ハイ、もう一回ムカつくって言ってみよう」と言うと、勢いが全然なくなっています。

大人の私たちも、気持ちがイラだったり怒りが収まらないときには、意識して呼吸法を取り入れてみましょう。

三秒で軽く吸い、二秒保って、十〜十五秒かけてゆっくり吐いていく。これを数回繰り返すと、怒りを維持するのは難しくなります。心のわだかまりは残っているかもしれませんが、頭にのぼった血がスッと下がっていく。気が下がって落ち着く効果があるのです。

昔から武士が心を決める場所は、臍下丹田《せいかたんでん》にあると言われていました。臍下丹田はお臍の下です。息を吐きながらそこまで気を下げていくと、怒りにとらわれなくなります。

今の社会で怒りを露わにするのは、リスクが高すぎます。相手や周りの人の気持ちは萎え、あるいは傷つき、自分も傷ついて、出世も妨げられるでしょう。いいことなど何一つありません。

怒りはなくても仕事はできる。怒りや憤りなど必要のないものだ。そういう気持ちの循環に入ったほうが、これからの時代はうまくいきます。そして、上機嫌を旨《むね》として生きるのです。

不機嫌になりそうなときは、息を吸ってフーッと吐く。人の上に立つ人は、怒りを鎮める技術が絶対に必要です。

リーダーになる人には必ずこの呼吸法を身につけて、怒りに飲み込まれるのを防いでいただきたいと思います。

コラム 4

『孫子』に学んだ人たち

ビジネスリーダーに愛される書

『孫子』は中国で誕生してから、国を超え、時代を超えて多くの人に親しまれ、活用されてきました。

日本では、多くの戦国武将たちが教養書として読んでいたと言われています。特に最強の戦国武将と呼ばれた武田信玄は、孫子の言葉「風林火山」を軍旗に使ったことで有名です。

また、江戸時代末期に活躍した思想家の吉田松陰、明治時代の大日本帝国海軍の提督だった東郷平八郎、海外ではフランスの皇帝ナポレオン・ボナパルトも『孫子』を愛読し、多くのことを学んでいました。

中国共産党・初代中央委員会主席の毛沢東も、『孫子』を愛読していた一人。戦いの場において『孫子』を実践していたと同時に、自身の著作では

『孫子』を引用するほどの心酔ぶりでした。

一方、現代に目を向けると、多くのビジネスリーダーたちが愛読書として『孫子』を挙げています。

たとえば、マイクロソフトの創業者であるビル・ゲイツ、オラクル創業者のラリー・エリソン、ソフトバンクグループ代表である孫正義。この他にも、『孫子』を愛読する人は少なくありません。

的確な情報収集、鋭い分析、合理的な判断、素早い決断など、ビジネスにおける数々のヒントを、『孫子』から学んでいるのです。

また、プロ野球で現役時代には名捕手としてならし、ヤクルト、阪神、楽天の監督を歴任した野村克也も『孫子』を愛読する一人。相手チームとの駆け引きや情報収集、分析の重要性に早くから気づき、選手の成績をデータ化して指導する手法は「ＩＤ野球」と呼ばれました。

第五章　チームで強くなる

「簡単に負けないチーム」を作ろう

昔《いにし》えの善く戦う者は、まず勝つべからざるを為して、以て敵の勝つべきを待つ。勝つべからざるは己《おの》れに在るも、勝つべきは敵に在り。（第四章 形篇14）

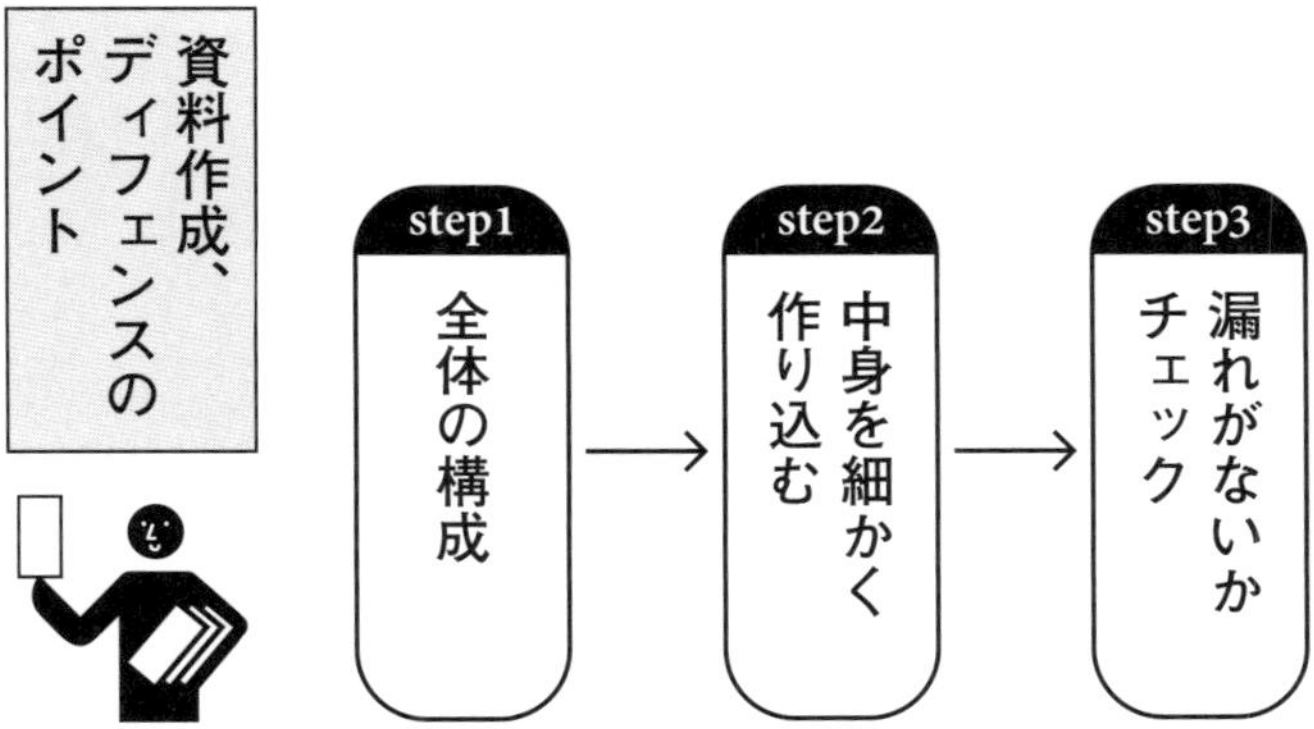

チーム全員で「守備」を強くする

チーム作りも基本は守備

負けないようにすることは自分の努力でできますが、こちらが勝つかどうかは相手次第。必ず勝てるとは言えません。相手の守備がしっかりしていた場合、いくら攻撃してもうまくいかないことがあるからです。

それでも、まずは負けないようにすることが大事。簡単に負けないチームを作るのが、チーム作りの基本です。

スポーツチームでは守備から固め、攻撃はある程度自由にさせていく形がよくとられます。攻撃から入ると守備が手薄になり、負け率が高くなってしまうのです。

プレゼン用資料や論文を作成するときにも、負けないための守備方法があります。

最初に全体の構成を作ります。言われたらいつでも提出できるように、薄くてよいので構成をちゃんと仕上げておくのです。そこから中身の細かい作り込みを進めていきます。

これをやっていないと、最初のところばかり何度も書き直して先に進めなくなることがある。「提出しろと言ったのに、まだそこしかできてないの?」ということになります。どこで期限が来ても大丈夫なように準備しておくのが、ディフェンス重視の考え方です。

世の中には、守備型気質の人と攻撃型気質の人がいます。攻撃型でアイデア豊富、どんどん攻めていける人は勢いがありますが、社会人になったらディフェンスを重視したほうがいい。ディフェンスができないと、不安定な感じがするからです。

攻撃型の人は、そのエネルギーをディフェンスに使う訓練をしてみましょう。たとえば、書類に漏れがないように何度も確認するなど、苦手な部分を放置せず、人並みにできるように安定させていくのです。

チームを組むときは、そのバランスが肝心。守備型、攻撃型どちらも混ざるようにうまく配置するのが、上司の大事な仕事です。

守備は最大の攻撃

商品であれば、他社製品と比べたとき、大きな負けがないようにする。大きな欠陥があると、車でもリコール問題などで大変なことになります。他社に勝つという攻撃面にお金をかけるのはよいのですが、リコールされる危険性や、不安をなくす守備面にお金をかけたほうが、おそらく会社は生き延びることができます。

なぜなら、今の社会はマイナス面が発覚するとＳＮＳなどでパッと噂が広がり、一気に信用が落ちてしまうからです。どんなことでも攻撃するほうが面白いものですが、そちらに夢中になるとディフェンスはどうしても後回しになります。

しかし、将棋ではディフェンスから固めていき、次はこう打つ、と考えるのが定石です。それを知らない人は、攻めよう攻めようとして守備ががら空きになり、あっという間に負けてしまうのです。

私自身、スポーツをやっても将棋をやっても、若いときには攻撃一辺倒でした。それで勝てる相手ならよいのですが、通用しなくなったときは非常に脆く崩れてしまった記憶があります。高校時代の自分に、『孫子』のような指導がしたかったと思う場面が多々あります。

「攻撃が最大の防御だ」という言葉がありますが、『孫子』に言わせればそれは逆。「守備が最大の攻撃だ」を合い言葉に、チーム一丸となるのが正しい道です。

お互いのことを知って、モチベーションを上げる

其《そ》の疾《はや》きこと風の如く、其の徐《しず》かなること林の如く、侵掠《しんりゃく》すること火の如く、動かざること山の如く。（第七章　軍争篇32）

メンバーのタイプをお互いに把握しよう

メンバーの気質をとらえる

「風林火山」は、甲斐武田軍の軍旗になっていて日本でも有名です。

　四つのことが書かれていますが、風と火は似ていて、林と山は似ている。分類すれば静と動ということになります。

　静のときには山や林のように静を守り、動に入ったら風のように動いて火のように燃え広がる。たとえは悪いかもしれませんが、山火事のようにワーッと一気に広がって止めようもないくらい勝ちまくるイメージです。

「疾きこと風の如く」「侵掠すること火の如く」をビジネスにたとえたら、勢いに乗った商品を徹底的に売り、売れるものはとにかくすべて売り切っていく。そんなイメージが湧いてきます。

　風のような、林のような、火のような、山

のような、という比喩はとても具体的ですね。こうしたイメージを働かせて動くことは、非常に大事です。ここでは「風林火山」ですが、私は「地水火風」の四元素で人間学を考えたことがあります。

地のスタイルは、落ち着いた安定感のある人。

水のスタイルは、柔らかくてゆったりしている人。

火のスタイルは、激しく燃える情熱の人。

風のスタイルは、風通しがよい感じの人。

学生にも、自分はどのスタイルだと思うか、周囲の人はどれに見えるか、言い合ってもらいました。これをすると、「周囲の人からは地に見えるんだ」とか「風に見えているんだ」ということがわかります。それらの統計も取ってみました。

私に対するイメージは、なんと地がゼロ。水と火が少しあって、風が非常に多いという結果でした。その理由はやはり、しゃべるのも授業もテンポが速いからでしょう。

人はみな十の要素があるとして、「風林火山」や「地水火風」がどれくらいの割合で入っているかを、チームのメンバーそれぞれに見ていくのもいいでしょう。それには前にもお話しした「偏愛マップ」を併用するのがおすすめです。メンバーそれぞれの気質と嗜好を把握しておくのは、チームで仕事を進める上では非常に役に立ちます。

組織としての勢いはあるか？

仕事をする以上、いろいろなタイプの人と働くことになります。それぞれ得意な人、不得意な人がいると思いますが、会社は利益を上げる場所。となると、その目標に向かって全員でモチベーションを上げることが必須となります。

モチベーションを上げるには、共通の目標を持つことの他に、危機感を共有することが重要になります。いくら各々の力が高くても、一丸となっていない組織は伸びることができません。

たとえば出版社では、編集部と営業部の意見が食い違うことがあります。編集部は「営業が動かない」、営業部は「編集は売れる本が作れない」というのが定番のセリフとなっているよう。しかし、お互いに責任を押しつけ合っていても何も解決しません。

うまくいっている出版社は、とにかく編集部と営業部がよく話をする、「売る」ことに一丸となっています。お互いの役割、資質を理解し、「〇万部売る」「達成するにはイベントは？　ＳＮＳを最大限活用しよう」「売れなかったら、この著者の本を次に出すことは難しい」といった目標や危機感を共有することが、売れる本につながるそうです。

もちろん、どんなときもうまくいくわけではありませんが、これらがしっかりしていれば、何かあったときに、すぐに修正が可能。「組織としての勢い」は、仕事をする上で必要不可欠です。

組織の利益を第一に考えよう

進みて名を求めず、退きて罪を避けず

……（第十章　地形篇49）

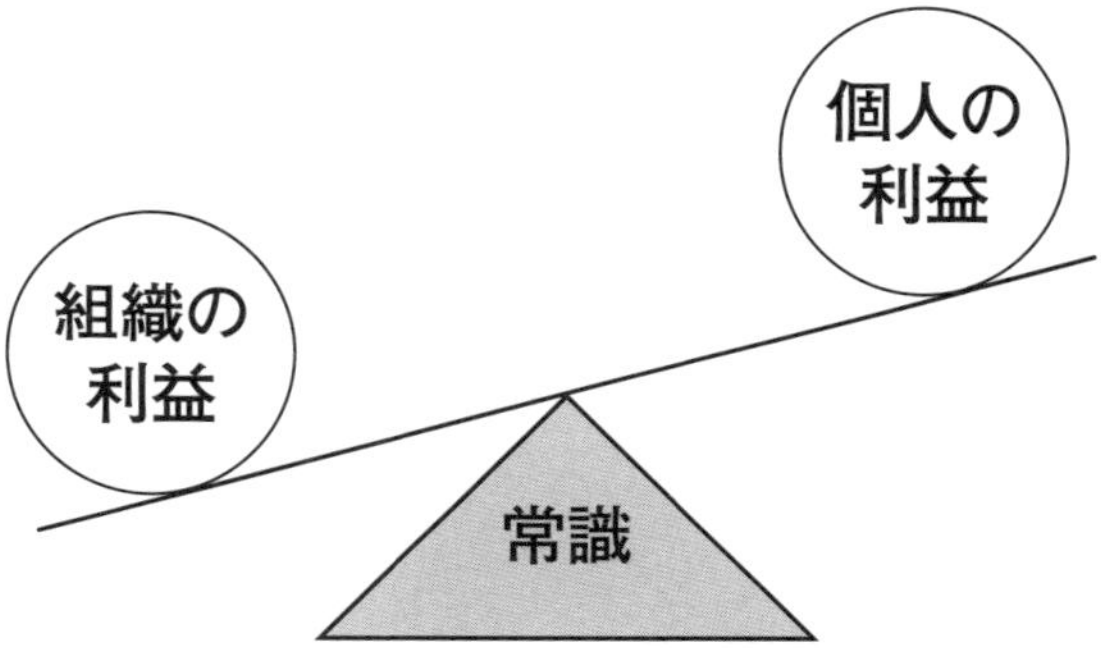

ゴールが何かを考えれば、すべきことが見えてくる

全体が盛り上がるように

組織にいるときは、リーダーであろうと一社員であろうと、常にチームにとっての最善を尽くすことです。

仕事というのは、上からの指示に従うときもあるし、うまく進むときもあれば退くときもある。どんな場合でも、功名心から行動を起こすことがないようにしなければなりません。自分の名を上げるために目立とうとするのは、スタンドプレーです。

たとえば、私はテレビ局に行くことが多いのですが、スタッフから「あのアナウンサーはちょっとスタンドプレーが多い」という話を聞くことがあります。その人は、自分の人気を取ろうと、通常の段取りとは違うことをして目立っています。

上手にアレンジできる範囲であれば盛り上

がるのですが、周囲に迷惑がかかってマイナスを及ぼすだけのこともあるので気をつけなければなりません。
「出たほうがいいのかな、引いたほうがいいのかな」と迷ったときは、全体がうまくいくかどうか、みんなが盛り上がるかどうかを最優先に考えるとよいでしょう。リーダーが組織のことを考えて動けば、必ず周りに伝わります。すると、部下も組織のことを考えて動くようになるのです。

そういう意味で、TBSアナウンサーの安住紳一郎さんは上手だと思います。ゲストを盛り上げるために、いつも黒や紺色のスーツを着てアナウンサーの立場を忘れないようにしている。でも、とうていアナウンサーとは思えないほどのツッコミを、ゲストに入れていきます。

自分の名を上げて人気を取ろうというより、ゲストが輝くようにと振る舞っている。そのあたりが、好感度につながっているのではないでしょうか。

実際テレビを見ていると、自分の力を示そう、目立とうとしてやっている人と、そうではない人がよくわかります。バラエティー番組を見ているだけで、社会人としての立ち居振る舞いが非常に勉強になるのです。

常識という土台

二〇一七年末、内村光良さんが「ＮＨＫ紅白歌合戦」の司会をしていました。私はいくつかの番組で内村さんとご一緒したことがあるのですが、内村さんはどんなときにも優しく受け止めてくれるので、一緒に仕事をすると全く疲れないのです。

内村さんは、周りをリラックスさせて輝かせながら、自分自身も出るところは出るというタイプです。

番組によっていろいろなタイプの司会者がいますが、結果として番組全体が魅力的になって、組織の利益となればいいのです。

安住さんのようにアナウンサーが進行役を務めている番組では、アナウンサーとしての社会常識も一つのクッションになっている気がします。タレントさんに社会常識がないわけではありませんが、アナウンサーには会社員としての常識と安定感があります。

個として出すぎることはなくても、常識という土台があるので落ち着きを醸し出せるのです。

目標を設定して、風通しのいい組織に変えていく

越人《えつひと》と呉人《ごひと》の相い悪《にく》むも、其《そ》の舟を同じゅうして済《わた》るに当たりては、相い救うこと左右の手の若《ごと》し。（第十一章 九地篇56）

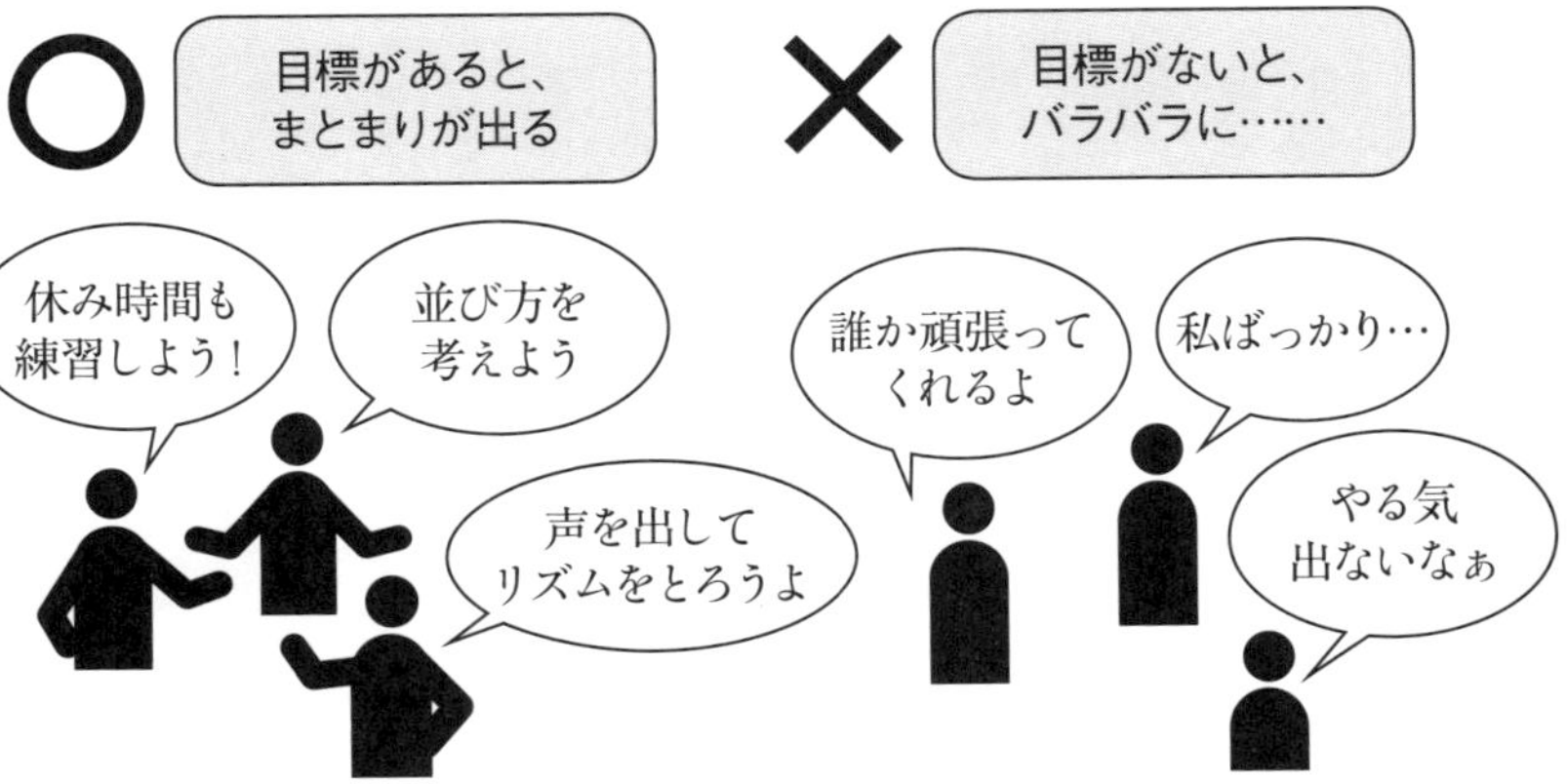

目標がメンバーの気持ちを一つにする

チームが一つにまとまるには

有名な「呉越同舟」です。

自分たちの首がしまるような切羽詰まった境遇に投げ込まれると、敵同士であっても越人と呉人のように一致団結していくことがあります。そこに、大勢の人を盛り上げ「これが必要だ」と思わせて一致団結させていくカリスマ的な人がいれば、一気に気持ちがまとまっていきます。

会社においては、五〜十人で一致団結ができるチームもあれば、バラバラとしているチームがあります。

そんなとき、どうすればチームがまとまるのでしょうか。実は、何か危機が訪れたときに、一致団結するということがよくあります。

かつての日本では、黒船でペリーが来航したときがそうでした。

当時は幕府と諸藩がいがみ合っていましたが、外国に対して守りを固めなければいけない状況になった。そこで廃藩置県が行われ、国がまとまっていったのです。藩は自分たちのアイデンティティーだったわけですが、欧米列強に侵略されないためにそれを捨てた。一致団結して近代国家を築き上げていったのです。

一致団結のためには、一致団結がしやすくなる課題の設定が必要になります。たとえば小学生なら「四十人四十一脚で、何秒切るかやってみよう」。クラス全員が盛り上がり、休み時間もみんなで練習し続けるほど、一致団結して頑張るようになります。

この企画の面白さは、クラスで一番足が遅い子のタイムになるかと思いきや、そうではなく、むしろその子が一人で走るときよりも速くなっている、ということが起きるところです。

この他にも「ギネスブックに載ろう」という企画に挑戦すると、大人も子どもも盛り上がって協力し合うようになります。

現代においては戦いは起きにくいので、一致団結のためには何かしら目標を設定することが必要でしょう。目標に向かうと、みんながやる気になっていきます。いろいろな感情があったとしても、気持ちが整理されて一つの方向にまとまっていくのです。

目標とご褒美

ここでは、目標設定のセンスが重大なポイントです。

実現不可能なものを設定しても、みんなのやる気は起きません。魅力のないものを設定してしまうと、見向きもされません。何とかクリアできそうで、なおかつ魅力的なもの。達成できたらみんなで飲みに行こうとか、旅行をしようとか、ご褒美があると一層盛り上がります。

二〇一八年の箱根駅伝で四連覇を果たした青山学院大学の原晋監督は、自分のポケットマネーでチームの四年生全員にハワイ旅行をプレゼントしたそうです。

走った選手十人がハワイ旅行に行くことになったとしたら、チームとしてはまとまらなかったでしょう。でも、ここでご褒美をもらえたのは四年生全員。表に出ないメンバーもチームを支えてきたことが評価されたわけですから、盛り上がるだろうなと思いました。

監督は、最初ヨーロッパ旅行を提案したらしいのですが、「ヨーロッパは遠い。できるだけみんなと一緒にいる時間を長くしたいから」と、学生たちがハワイを選んだそうです。勝てるチーム、強いチームというのはこういうところにも団結力があるのだと思いました。

仕事でも、目標を立てて「これを達成したらみんなに焼き肉を奢ろう」とか「アイスクリームをプレゼント」とか「一位の人には旅行券」など、商品などをつけると盛り上がるかもしれません。

共通のモノを持って、全員でモチベーションを上げていく

鼓金《こきん》・旌旗《せいき》なる者は、民の耳目《じもく》を壱《いつ》にする所以《ゆえん》なり。（第七章 軍争篇33）

目標から意思統一へ

意思統一を図る

太鼓や鉦《かね》や旗は、みんなの気持ちを統一するための手段だと書いてあります。

普通の職場には太鼓や鉦や旗はなかなかありませんが、スローガンを作って目標を掲げるとよいと思います。「今年はこれでいく」というキャッチフレーズを作るのです。

その年の目標は、プロ野球球団でも学生の部活でも、多くの組織が作っています。意思を統一するために大事なものだからです。

リーダーはスローガンを考えることが大事だし、みんなでそのスローガンを意識していくことも大事です。そうすると「民の耳目を壱にする」ことができる。気持ちが一つにまとまっていくのです。

私がおすすめしたいのは、チームで同じTシャツを作ることです。

大学の少人数のクラスでは、学生たちとTシャツをよく作ります。その年に盛り上がったセリフをデザインしたり、「上機嫌」と書いたり、ロシア語でドストエフスキーの言葉を書いたときもありました。

Tシャツをみんなで着ると、結構盛り上がります。大学祭のときに着て、鉢巻をしめて行くとイベント感が出るし、チームの意思統一もしやすくなります。

もう四十年前の話ですが、高校生のときにクラスで運動会用のTシャツを作りました。クラスの中に四文字熟語に詳しい人がいて「伏龍鳳雛《ふくりょうほうすう》」という四文字を刷ったのです。「自分たちはまだ伏したままの龍や鳳《おおとり》の雛だけれど、これから龍や鳳として大きく育っていく」

将来大成する素質のある優れた人物はオレたちだ！　とクラス全員で作った、今なお思い出深いTシャツです。

リーダーの言葉はシンプル

「耳目を壱に」し、指令された場所にみんなで行くためには、心が統一されていなければなりません。

そのためには日々のメールでいろいろなことを伝達し合い、朝礼では「今日はこんな感じでいきます」とリーダーが目標を言って始めるのもいいでしょう。

朝礼というのは形骸化していることも多いのですが、それでいいのです。みんなで集まって、瞬時に会議をして、パッと散る。それだけでも、意思統一を図ることができます。リーダーの意思を伝達するちょっとした場と空間を作り、集まる、散るが、もう少し俊敏であってもいいと思うのです。

松下幸之助は、社員に対して同じことを何度も言っていました。「なぜ同じことばかり話すのですか？」という疑問に対しては、「上の意思は伝達されるにつれて、二分の一、二分の一と薄まっていく。だから、何十回も何百回でも言ったほうがいい」と答えています。

名経営者の本を読むと、どれも変わったことが書いてあるわけではありません。「わりと普通だな」とか「どの本も似ているな」と思うことがあります。でも、そんなものかもしれません。「勝つ」ための一つの原理原則を捕まえたら、徹底していくことが大事です。そこを社員に徹底できるかということでしょう。

同じ言葉を繰り返すのも、社員に意思伝達を徹底するため。スティーブ・ジョブズのある伝記のタイトルは、『Think Simple』（ケン・シーガル著、ＮＨＫ出版）です。「とにかくシンプルに！」ということが、まるで宗教のように徹底して書いてあります。

これは『孫子』で言えば、将軍の指令。何度も読んだり聞いたりすることで、社員は心を一つにしていくのです。

本来の目的を見失うな！

夫《そ》れ戦いて勝ち攻めて得《う》るも、其の功を隋《お》わざる者は凶なり。（第十三章　火攻篇70）

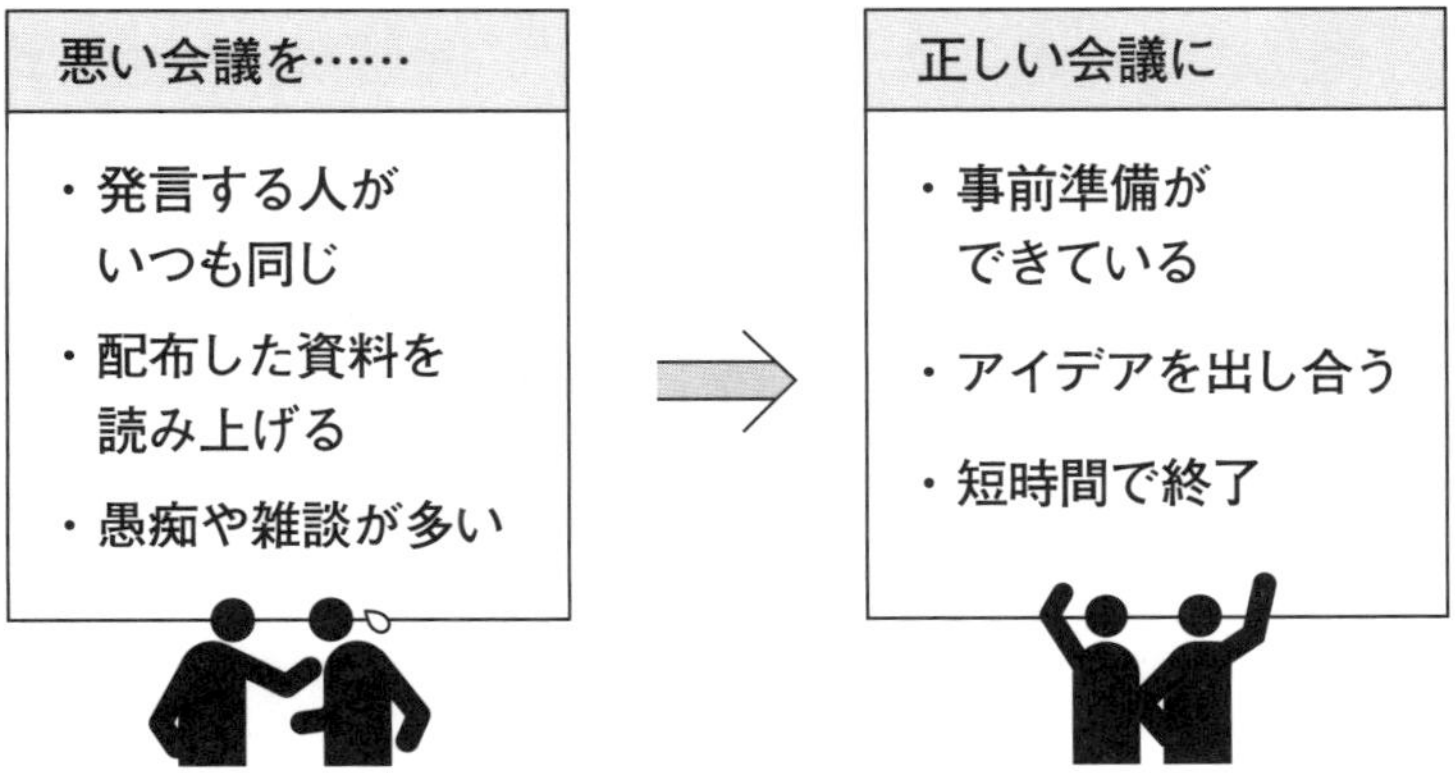

悪い会議を……	正しい会議に
・発言する人がいつも同じ ・配布した資料を読み上げる ・愚痴や雑談が多い	・事前準備ができている ・アイデアを出し合う ・短時間で終了

現実を動かす意思決定をするのが「会議の功」

この会議の功は何か

だらだら何かを続けているうちに「もともとの目的は何だっけ？」と忘れてしまうことはありませんか。

戦争というのは、必ず功（戦果）を得るために戦うので、それを忘れて手段に夢中になってはいけません。早く功を確定させ、戦略的成功まで持っていく必要があります。

小さい勝利を、次の大きな勝利につなげるステップにすること。ずるずる続けるのではなく、勝ちを一つずつ確定させて次に進むことです。

これは、賭け事にたとえるとわかりやすいかもしれません。

勝ちを確定しないまま賭けを続けると、結局今までの戦果すべてを失ってしまうことがあります。だらだらと賭け続けてすっからかんになってしまうのは、やめどきを間違えたのです。

一方仕事に目を向けると、いつも企画倒れになっている人がいます。会議に企画を出して話し合いをするものの、毎回決まらずに終わってしまう。

そういう人は、小さな案一つでも確定させて、社内で実行することです。小さな実現に漕ぎ着けたら、とりあえず功を挙げたと考えるのです。

そうしなければ「今日の会議、二時間も何を話していたんだっけ?」となってしまい、みんなの気分もスッキリしません。「では、次回に」と言って終わることになる。次回と言われても、それまでに新しい情報が入手できるとは限りません。

私はそういう会議では、「せっかくメンバー全員集まっているのだから、次回と言わず、今決めましょう」と提案します。せっかちなので「また次回」という意見には賛成できないのです。

そして「まず、多数決で決めましょう」「ダメならまた修正すればいいじゃないですか」と進めていきます。

「会議の功」は何かと考えると、現実を動かす意思決定をすることでしょう。

今日のこの場では「何が功なのか」をみんなで考え、それを確定させて終わる意識が重要です。

そのためには「今日はここまで達成できればＯＫ」ということを、あらかじめ決めることでしょう。

これは、交渉事も同じです。

「今日は相手との間で何が達成できれば功なのか？」と、あらかじめ決めてから臨むこと。そうしなければ、何も決まらず終わってしまうことになりかねません。

おわりに ——日々の戦いで負けないために

先日、日本テレビ系の「世界一受けたい授業」に出演したとき、『こども孫子の兵法』（日本図書センター）をテキストに使いました。

取り上げた言葉は「拙速」。

「うまくて遅いより、下手でも速いことが重要です」という話をしたあと、台本にはないことをしてみました。

「私が問題を出すので、どんな拙い意見でもいいので、とにかく速く答えてください。わからない、というのはナシです」

すると、すごい勢いで出演者みんなが意見を言い始め、こちらがびっくりするほどスタジオが盛り上がりました。番組終了後に、スタッフも感動していたほどです。

「拙速でよい」と言われるだけで、誰もが気が楽になるのだと感じました。

また、あるときは学生たちに、「何かを敵に見立てて敵情を知るために、『超検索力』を鍛えよう」をテーマにして、一つの事柄について一週間インターネット検索をし続けてもらいました。

学生たちは徹底的に調べ上げてきて、これもまた盛り上がりました。

普段、誰もが何気なくやっているネット検索も、「戦いで負けないために調べなさい」と言うと、学ぶ意識が全く変わります。

『孫子』の時代は、戦いのたびに命がかかっていました。現代に生きる私たちは、実際に殺されることはありません。でも、「これは命をかけた戦いだ」と設定して戦略を考えていくと、ちょっとしたゲームのようで、やる気も倍増します。

『孫子』は、すでにさまざまな形で本が出版されています。

わかっているようでも繰り返し読むことで、「ああそうだった」と思い直すことが大切だと私は考えています。

言葉が頭に入ると、意識が集まりやすくなります。まずは、気になる言葉を覚えていくこと。本書では概念が頭に残るよう図解でわかりやすくしたので、図も含めてインプットしていくとよいでしょう。

朝礼などのときにも、『孫子』のキーワードが頭に浮かぶと、スピーチがまとまりやすいというよさがあります。

『孫子』のエッセンスを毎日の仕事に取り入れ、戦略的思考を身につけていただけたらと思います。それができれば、この世界を生き抜くメンタルタフネスも自然と身についていくでしょう。

『孫子』を教養として知っておくのはもちろんいいことですが、一つだけでも自らの戦略的思考の技として身につけることこそが、『孫子』にふさわしい読み方だと思います。

手帳に一言書きつけて、戦略的思考の鍛錬を始めてみてください。

この本が形になるにあたっては、これまでの図解シリーズ同様、菅聖子さん、ウェッジ編集部 書籍編集室の山本泰代さんから大きなご助力をいただきました。ありがとうございました。

平成三十年五月

齋藤 孝

図解 孫子の兵法
――丸くおさめる戦略思考

２０１８年６月25日　第１刷発行
２０２２年５月10日　第４刷発行

著　者　齋藤《さいとう》　孝《たかし》

発行者　江尻　良
発行所　株式会社ウェッジ
〒１０１－００５２
東京都千代田区神田小川町１－３－１
ＮＢＦ小川町ビルディング３階
電　話：０３－５２８０－０５２８
ＦＡＸ：０３－５２１７－２６６１
http://www.wedge.co.jp
振　替：００１６０－２－４１０６３６

ブックデザイン　横須賀　拓
ＤＴＰ組版　株式会社リリーフ・システムズ
印刷・製本所　図書印刷株式会社

ISBN 978-4-86310-203-3 C0095

齋藤孝の図解シリーズ

図解 論語――正直者がバカをみない生き方

図にすることで、論語の本質が一目でわかる! 論語に親しむことで心の骨格を作り、それを自分のワザにしていく「論語」の実践的な使い方。

本体1,200円+税

図解 養生訓――「ほどほど」で長生きする

貝原益軒の『養生訓』を現代に合った形でアレンジ。「齋藤孝の今日からできる養生法」も収録。読んで良し、実践して良しの1冊。

本体1,200円+税

図解 菜根譚――バランスよければ憂いなし

人生の格言がこんなにも詰まっていたのか! 300年以上前に中国で書かれた処世術の書。読むだけで自然と「人としての生きる基本」が身につく。

本体1,200円+税

図解 葉隠――勤め人としての心意気

『葉隠』には、仕事の仕方をはじめ、酒の飲み方や人間関係の機微まで細やかに描かれている。江戸時代の武士が教えてくれる、この世を生き抜く術。

本体1,200円+税

図解 言志四録――学べば吉

儒学者・佐藤一斎が書き綴った『言志四録』は、西郷隆盛が座右の書とした指導者のバイブル。学ぶ人生の構えを作れば、気質も人生も変えることができる!

本体1,300円+税